儿童心理成长枕边书

席秀梅 ◎ 编著

中国纺织出版社有限公司

内 容 提 要

每一个儿童的成长都是伴随着这样那样的问题，而成人是否能了解孩子需求，把握孩子的心理成长规律，决定了我们能否和孩子融洽相处，能否使孩子顺利、健康、快乐地成长。

本书从心理学的角度，运用朴素、活泼的语言，帮助我们剖析孩子的性格、行为特点，以帮助我们更好地走进孩子的内心世界，并对儿童在成长过程中遇到的各种问题给予心理学建议，希望能对父母和孩子都有所帮助。

图书在版编目（CIP）数据

儿童心理成长枕边书 / 席秀梅编著. --北京：中国纺织出版社有限公司，2021.3
ISBN 978-7-5180-7818-9

Ⅰ.①儿… Ⅱ.①席… Ⅲ.①儿童心理学 Ⅳ.①B844.1

中国版本图书馆CIP数据核字（2020）第163618号

责任编辑：赵晓红　　责任校对：高　涵　　责任印制：储志伟

中国纺织出版社有限公司出版发行
地址：北京市朝阳区百子湾东里A407号楼　邮政编码：100124
销售电话：010—67004422　传真：010—87155801
http://www.c-textilep.com
中国纺织出版社天猫旗舰店
官方微博http://weibo.com/2119887771
三河市宏盛印务有限公司印刷　各地新华书店经销
2021年3月第1版第1次印刷
开本：880×1230　1/32　印张：7
字数：128千字　定价：39.80元

凡购本书，如有缺页、倒页、脱页，由本社图书营销中心调换

前言

有人说，家庭对孩子一生的成长是至关重要的，家庭是孩子人生的第一所学校，家长是孩子最重要的启蒙老师。从孩子呱呱坠地开始，我们家长见证了孩子的第一声啼哭、第一次牙牙学语、第一次走路、第一次入学，孩子的每一步成长都牵绊着父母的心。我们也总是希望给孩子最好的，并且想当然地认为孩子会按照我们的意愿健康、快乐地过一生。然而，在这一过程中，有些家庭事与愿违……

于是，我们常常听到这样的抱怨：孩子怎么这么难带？他总是哭个不停，烦死了；孩子不上幼儿园怎么办？他为什么总是欺负别的小朋友？孩子一见生人就躲跑，这样下去会不会影响他将来的社交能力啊……随着儿童年龄的增长，为人父母的成人也开始出现各种各样的教育困惑：淘气、任性、什么都要自己来、跟大人对着干、不让他做什么他偏要做什么，甚至说谎、撒泼、乱发脾气和不懂分享……成人为此苦恼不已，却找不到行之有效的解决方法。

其实，这里最大的问题莫过于成人对儿童心理的疏忽，以及对自身认知的不足，因此，要他们去理解儿童，并以恰当的知识引导儿童，无疑难上加难。

事实上，孩子的言行和举止，我们都能找到其背后的心理

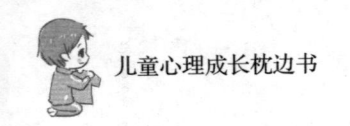

学奥秘，因为人的一切行为都是心理的映射，儿童也是一样。只有抓住他行为背后的心理才是解决问题的关键。

然而，很多时候，即便我们认识到这一点，也未必能将那些问题层出不穷的儿童教育好。因为成人与儿童之间的生理、心理存在很大的差异，亲子之间隔着一层厚厚的屏障，让我们无法直达孩子内心。

而此时，为了让我们成人的教育少走点弯路，我们编撰了这本《儿童心理成长枕边书》。它不仅适用于那些为儿童教育而头疼的家长，也同样能帮助学校教育工作者。因为它没有高深莫测的教育学理论、晦涩难懂的教育语言，而是以简单、平实的语言，以鲜活的案例，帮你真正走进儿童的内心，帮助读懂你的孩子，进而引导你的孩子从小就做一个开心快乐的小宝贝，长大后成为一个积极上进、身心健康的社会人，最终拥有自己幸福、美好的人生。

不过，我们还是要承认一点，每个孩子都是独一无二的，我们不能指望任何一种方法能解决所有儿童的问题，本书提供的也仅仅是一些参考意见，具体还要我们父母根据孩子的情况，找到适合自己孩子的最佳指导方法，以帮助你引导出一名积极、快乐、爱学习的儿童。

编著者

2020年6月

目录

第01章 关于儿童的心理成长：请重新认识你的孩子 / 001

　　成长中的问题，父母要与孩子共同面对 / 002

　　如何帮助孩子"心理断乳" / 005

　　掌握积极养育孩子的五大原则 / 009

　　建立沟通的桥梁，打开孩子心灵的锁 / 013

　　细心观察，读懂孩子的心情 / 017

第02章 孩子成长需要安全感：先了解孩子心理再去处理问题 / 021

　　父母愿意听，孩子才愿意说 / 022

　　允许孩子失败，孩子才会坚强 / 026

　　与其强制和命令，不如正面引导 / 034

　　培养孩子积极乐观的心态 / 037

　　多关注儿童的优点和进步 / 041

第03章 用足够的爱包围孩子：教会孩子珍惜和感恩 / 047

　　教育儿童孝敬长辈，感恩父母 / 048

　　引导儿童融洽师生关系 / 052

　　告诉儿童什么是真正的友谊 / 055

　　注意孩子的非正常交往，引导儿童远离恶友 / 058

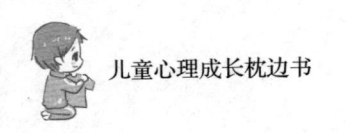

离异家庭的儿童，需要更多的爱 / 062

如何帮助有生理缺陷的儿童克服内心自卑 / 065

第04章　重视儿童敏感期心理：孩子的心智开始全面发展 / 069

什么是儿童敏感期 / 070

在幼儿时就要培养孩子敏锐的观察力 / 076

让儿童在阅读敏感期就爱上阅读 / 080

尽早为幼儿树立社会规范 / 083

在追求完美敏感期内，帮助孩子学会欣赏美 / 087

以正确的心态面对孩子的性别敏感期 / 090

第05章　麻烦不断的青春期：孩子内心最需要安抚的时期 / 095

孩子脾气怎么越来越大了 / 096

总是唠叨，让孩子不愿意和妈妈说话 / 099

青春期的孩子为何喜欢说脏话 / 103

青春期的孩子为什么那么爱打扮 / 106

正确对待孩子发出的早恋信号 / 110

青春期孩子为何爱追星 / 114

第06章　理解孩子的逆反心理：谁的青春不叛逆 / 119

谁的青春不叛逆 / 120

青春期的孩子总是认为自己很成熟 / 123

孩子总是精神不集中怎么办 / 127

青春期叛逆期的孩子总是心浮气躁，怎么办 / 131

青春期孩子为何情绪如此多变 / 134

第07章　家庭与儿童心理成长：家是孩子心中最重要的地方 / 139

体罚对孩子的成长好吗 / 140

不要把孩子当成实现自己未完成理想的工具 / 143

家庭环境对孩子的成长极为重要 / 146

别用家庭冷暴力对待孩子 / 149

让孩子知道父母永远是他的依靠 / 153

第08章　学校与儿童心理成长：
　　　　别忽视孩子上学时的遭遇和心情 / 157

孩子遭遇校园暴力，该怎么办 / 158

孩子扰乱课堂秩序、不遵守课堂纪律怎么办 / 162

孩子在学校被人起绰号欺负怎么办 / 165

孩子成绩太差，被人歧视怎么办 / 169

孩子害怕与人交际，怎么办 / 172

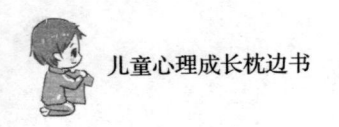

第09章 想成功就是要输得起：
孩子，没有人躲得过挫折这一关 / 177

告诉孩子赢得起，更要输得起 / 178

让孩子明白挫折是成长中最好的礼物 / 181

引导孩子正确认识人生失意 / 184

任何时候，挫折教育都必不可少 / 188

尽早让孩子明白，我的责任我来扛 / 192

第10章 培养良好的情感能力：孩子要学会感知和控制情绪 / 197

及早重视孩子的情感要求并引导孩子学会表达情绪 / 198

抑郁是孩子快乐的最大杀手 / 201

引导孩子学会保持乐观的生活态度与情绪 / 205

儿童恐惧症是怎么回事 / 209

坦诚自己的情绪，才能亲近孩子 / 213

参考文献 / 216

第 01 章

关于儿童的心理成长：请重新认识你的孩子

　　有人说，成长是一个美妙的过程，但对于作为教育者的父母来说，这个过程却是艰辛而忙碌的。懵懂的孩子，要面对太多诱惑，经历太多挫折，而我们父母，要想帮助孩子健康快乐地成长，光靠管束和告诫是行不通的，光靠给孩子提供良好的物质基础也是不够的，而是要我们关注孩子的心理成长，只有这样，才能了解孩子的思想。而做到这一点，就需要我们重新认识孩子，并逐渐建立起亲子间互相联系的"精神脐带"，不断地给孩子输送父母爱的滋养。

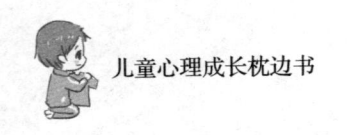

成长中的问题,父母要与孩子共同面对

我们都知道,成长是一件既快乐又痛苦的事,在任何人的成长过程中,都会夹杂着这样那样的问题,这些问题,既是孩子的问题,其实也是我们父母的问题。因为父母是孩子成长的楷模,而为人父母的过程也是一段成长和修行。因此,真正有心的父母会始终和孩子站在一起,帮助他们共同面对成长中的问题。

从另外一些方面讲,孩子遇到问题,需要我们对孩子脆弱的心灵进行呵护,但不难发现,一些父母,在他们的词典里,错误永远属于孩子。因为他们认为自己就是标准,就是法典,他们可以随意评价孩子、批评孩子,甚至辱骂孩子。其实,犯错误的往往是成人,是孩子的父母。孩子有口难辩,有冤难申。

日本有一本著名的书《孩子没问题,大人有问题》,在这本书中,阐述了很多现代社会家长在教育中的问题。这本书的作者认为,我们大人仍然面临着成长的艰巨任务,孩子在成长,我们也要成长,与孩子一起成长,是我们父母的重要使命。

作为父母,我们要知道,我们的孩子将来会生活在一个更多变化的社会，他们将会面对职场的激烈竞争，复杂的人际关系，也免不了一生中遭遇情场失意、事业困境、生意败北……总有一天，我们要先我们的孩子而去，如果孩子没有过硬的心理素质和健康的心理状态，如何在这样激烈的竞争中取胜呢？

所以，我们作为父母，要时刻观察孩子的行为动态和心理变化，关注他们的身心健康，要关注孩子，让孩子感受到来自父母的爱，一旦发现他们出现了心理问题的苗头，就要及时做好指路人，帮孩子疏导心理问题，以防问题积压，酿成大错。

作为家长，要这样做：

1.随时观察孩子的情绪和心理变化

我们身为父母，在生活中，不要只关心孩子的学习成绩、名次，也要关心他们的情绪变化，比如孩子在学校有没有受到什么委屈，学习上是不是有挫败感，最近跟哪些人打交道等。当然，了解这些问题，我们要通过正面与孩子沟通的方法，不要命令孩子告知，也不可窥探。只有让孩子真正感受到来自父母的关心，他们才愿意向你倾诉想法。

事实上，我们的孩子都是脆弱的、敏感的、容易受伤的，当孩子出现不良情绪时，你要让孩子尽情宣泄，就让他去哭个涕泪滂沱，而不是劝孩子"别哭别哭""男孩子不能哭"这样的话。告诉孩子："我知道你很难过。"或者什么都别说也好，给孩子独处的空间和时间去消化自己的情绪，帮孩子轻轻带上门就好。

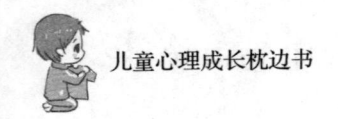

2.尊重孩子的智力和能力,要有耐心

在和孩子相处的过程中,对于孩子遇到的问题,你不必马上给出答案,而应该和孩子一起钻研,与孩子共同解决问题。当孩子面对思考问题上的不足时,不必急于指正,这时我们可以坦率地承认自己也犯过类似错误,然后巧妙地指出孩子的错误,这对培养孩子的自信心有极大的帮助。

3.做孩子最后的庇护者

当你的孩子正处于困难时期,当他再也无法忍受、筋疲力尽无法继续佯装坚强之时,他需要一个藏身之所,某个地方,某个人,成为他最后的庇护所。在这里,他展示真实的自我;在这里,至少在很短的一段时间,没有人要他负责任,他被无条件地接受。在这里,他可以真正放松下来,因为他知道,有人愿意暂时分担他一时的负担,让他得到解脱,是他坚强的后盾。

父母显而易见应该是孩子最后的庇护所。父母应该成为孩子最后的庇护者,因为父母对孩子非常重要,虽然在某些时候或情况下,家长可能觉得自己缺乏足够的情感储备,不能为孩子们提供其所需要的慰藉。这个时候,你不用对你的孩子说些什么或者做些什么,而应该好好考虑一下,除了你与他保持亲近外,他是否还需要你为他做些什么。要让他恢复对自己的信心,其实并不需要付出太多的努力。

(1)当你的孩子在表达希望得到你的原谅时,此时要给孩子一个台阶，并接纳他，让他忘记那些难过、痛苦和悲伤的事。

（2）为孩子提供心灵的港湾、庇护我们的孩子，并不意味着我们要永远对孩子犯的错或成长中出现的问题视而不见、听之任之。

（3）多考虑孩子的感受，并学会预见孩子的感受，在孩子需要的时候，给他情感上的支持。

（4）闲暇时光，在没有压力时，找个机会开诚布公地告诉他，在他需要的时候，家永远是他最后的庇护所。

总之，作为父母要明白，家庭教育对孩子极为重要，我们无论再忙，也要关注孩子的成长，也要重视与孩子沟通。对于孩子成长中遇到的问题，要与孩子一起面对，让他们知道，父母始终是他们最坚实的港湾。

如何帮助孩子"心理断乳"

现代社会，不少父母抱怨孩子七八岁了，还不肯自己吃饭、什么事都向父母求助，真的让人操碎了心。其实，这是孩子任性固执、追求享受、独立性差的表现，也就是儿童心理学上常常提到的还没有"心理断乳"。如果你家的孩子也是如此，那么，你最好先看看作为家长的你是否有这样一些教育习惯：

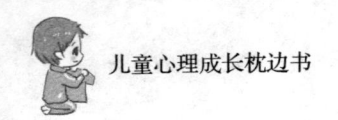

（1）早上快要迟到了，可孩子还是慢吞吞的，受不了了，赶快帮他穿衣穿鞋。

（2）看他吃饭慢吞吞的，天又冷，算了，喂他吧。

（3）孩子说要自己洗澡，就怕他洗不干净，大了再说吧，还是我帮他洗。

（4）自己生病了，本来让孩子泡个面不难，可营养不够啊，还是坚持给孩子做饭吧。

（5）上学的书包可真重，现在是长高的时候，帮孩子拿不为过吧。

（6）画画后桌面一片狼藉，可睡觉的时间又到了，算了，我来收拾吧。

（7）要出去旅行了，小家伙怎么懂收拾行李嘛，肯定是我来帮忙的。

这些现象在生活中随处可见，家长担任了孩子的保护伞，可家长似乎没有注意到，这样会导致孩子缺乏自立能力，将来在面对、解决困难时，会表现出其缺乏自信和独立性的一面，更别说独当一面了。因此。家长必须引起重视，要帮助孩子"心理断乳"，逐步让孩子学会独立，这对孩子的一生都意义深远。

具体来说，我们父母要记住以下教育原则：

1.学会放手

帮助孩子"心理断乳"，首先父母自己要认识到孩子必须要有独立意识和独立能力,只有父母先认识到,才能放手让孩子自己的事情自己做。

要知道,哪怕现在我们什么都为孩子操心,但早晚孩子要过自己的生活,家长不能在他幼儿时剥夺他独立生活的意识。只有这样,孩子以后才能走得好、走得让家长放心。

自从我们的孩子开始学习如何走路时,他就必须要独立踏上人生的旅途。对父母来说,则要做到,孩子能自己走,哪怕走得歪歪扭扭,会摔跤,也要让他自己走。

2.不要扼杀孩子的自理萌芽

其实,每个孩子都有自己动手的欲望与萌芽,不同的年龄段有不同的表现,如1岁多时爱甩开大人自己走路,自己去抓饭来吃,自己穿鞋子等,因为他们对这个世界充满了好奇,想通过自己双手的触摸来探索。当孩子有这样的表现时,家长要鼓励,用笑脸来鼓励孩子去做。

3.培养孩子的自理能力

自理能力对孩子自我意识和独立人格的形成有重要影响。不少孩子对家长都有很大的依赖性,如何让孩子克服这种依赖性呢?

(1)家长要根据孩子所处的年龄段,为孩子制订一些自理计划,如果孩子表现得不好或者不尽如意的话,家长不可浮躁,也不可胡乱批评和打骂孩子,否则会打消孩子的积极性。

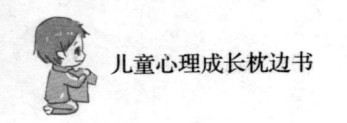

（2）让孩子自己做一些力所能及的事，别什么都替孩子做了。另外，我们还应让孩子学习一些应急处理办法。

（3）当孩子不知道怎么去处理某件事时，家长不要立即协助，而应尽量引导和鼓励他，帮助他找到困难的地方，并从一旁协助其解决问题，进而帮助孩子提升解决问题的自信心。

4.不回避挫折

生活是最好的老师，人到了逆境中，学习到的东西要比顺境中多很多，孩子缺乏逆境经历，也就失去了很多学习的机会，将来，他会为此付出更大更多的代价。

要培养教育出有出息的孩子，必须培养孩子的自理能力，这就要告诉孩子"自己的事情自己做"，因为孩子总有一天会长大的，小的时候受到一点挫折，凭借自己的力量解决，明天就会独立成长。孩子总要离开父母的怀抱，走进竞争的社会。家长放手越早，孩子成熟越早。早些让孩子自理，孩子的责任感会增强，逐渐有了自己的主见，也就逐渐能自立了。

5.父母要有足够的耐心

我们经常见到：孩子在穿衣服或鞋子，穿了半天没穿好，妈妈冲到他面前，边数落边快手地帮孩子把鞋穿上。孩子动作都是慢的，因为这个世界对于他们来说就是崭新的，我们看上去很简单的东西，对他们来说则不是，都要去学，反复练习才能做到。所以，家长要有足够的耐心。

比如，父母很赶时间，但孩子还在那磨蹭，解决这个问题

的方法是：总结经验，把出门的时间提前一点，比如打算9点出门，就从8点10分或8点钟就准备。这样，就有足够的时间给孩子自己穿鞋穿衣了。可以给奖励的东西，但不能是物质的，最好是口头上的奖励，比如摸摸他的头、冲他笑一下，或者给他一个大拇指，这样就够了。孩子从家长的表情、动作就可感知你的鼓励。每个人都是有惰性的，大人是，更不要说小孩了，关键看惰性来了时怎么去引导。

总的来说，家长一定要让孩子多动手，这有利于培养孩子自理的习惯和自立的能力，日常生活中，不要总是为孩子包办一切，纵容孩子的懒惰，凡事爱代孩子动手的习惯妨碍了孩子自理能力的培养及锻炼，更是剥夺孩子学会独立自理的机会。家长鼓励孩子能做的事自己做，在孩子做时家长要有耐心，要容许孩子犯错误，只有这样，才能培养出一个独立、自理能力强的孩子！

掌握积极养育孩子的五大原则

作为父母，我们不得不承认，孩子在成长的过程中，总是会遇到这样那样的问题，面对孩子的问题，一些父母束手无策、伤透了脑筋，但其实，只要我们懂得引导，掌握几个大的原则，就能把握引导孩子的方向。那么，这几大原则是什么

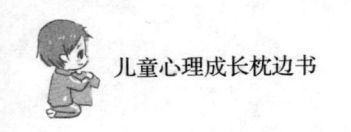

呢？对此，儿童教育心理学家指出五点积极养育孩子的原则：

1.与别人不同没关系

我们不得不承认的是，每个孩子都是独立的，都有自己的个性特征，他们的智力是不一样的，学习能力也不可能完全一样，我们必须要承认这一点。

因此，在教育中，如果孩子没有别人家孩子聪明，你不能打击他："你怎么这么笨啊，你看人家半个小时能背下来，你怎么就是背不下来。"

本来孩子很努力地在学习，现在你又拿他和别的孩子比较，这势必会给孩子造成一定的心理压力，他会认为自己真的比别人差、比别人笨，于是形成恶性循环。其实家长需要做的是为孩子营造宽松的家庭氛围，以使孩子能够放松心态自然地进入求知状态。

2.犯错误没关系

生活中，就是有这样一些家长，他们一遇到孩子犯错误的情况，就大声责骂孩子，而结果，孩子的反对声音比他更大，最终，双方的情绪都很激动，让亲子之间的关系很紧张。

其实，所有的孩子都会犯错误，这再正常不过了，犯了一个错误并不意味着孩子有什么不对，除非父母表现得好像孩子不应该犯错误。

其实，我们的孩子来到这个世界，他们爱自己的能力，是从父母对自己的态度中获取的。当孩子没有因犯错误而受到羞辱或惩罚时，他们就有了更好的机会来学会最重要的能力——爱自己以及接受自己的不足。

3.表达消极情绪没关系

人的消极情绪有很多种，诸如愤怒、伤心、害怕、悲痛、受挫、失望、焦虑、尴尬、嫉妒、受伤、不安全、羞愧等，我们的孩子也有，而且这些消极情绪也是成长过程中的重要部分。有消极情绪没有关系，而且需要表达出来。

面对孩子的坏情绪，首先不能言辞激烈地去指责他、批评他，而应该耐心听他对这种感觉的描述。因为，这时孩子最需要有人聆听他的倾诉并能理解他和体谅他。

孩子的坏情绪随时会冒出来，作为父母，不可能去消灭它，但我们可以通过接纳理解他，然后运用智慧，让这种情绪转化为激发潜能的动力。

4.要求更多没关系

生活中，我们看到的大多数情况是，一些父母总是急于教给孩子感恩的美德，而不是允许孩子有太多要求。当孩子想要更多时，他们总是习惯性地拒绝，或者进行说教，甚至有的父母会严厉批评孩子。

其实，孩子并不知道要求多少才是合理的，我们也不能指望孩子有这一能力，而积极的养育技巧将会教孩子如何用尊重他人的方式提出自己的要求。同时，父母也将学会如何拒绝而不会感到心烦意乱。孩子可以在知道自己不会受到羞辱的情况

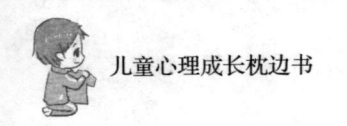

下,自由地提出要求。他们还会认识到,提了要求并不意味着就可以得到。

5.说"不"没关系

然然是个很有想法的女孩,她说:"我已经4岁了,不再需要别人告诉我该做什么、该怎么做,我想自己做主,掌握一切事情。""妈妈要我上床睡觉时,可我不想睡,有一个好办法可以拖延时间,比如不断提出问题,妈妈没回答完,我就不必睡觉。"然然希望自己控制睡觉前的活动,于是会选择性地要求妈妈讲故事、唱儿歌给她听、陪她在被窝里窝一会儿,或者再回答她一个问题等。

然然的这种表现就是这个年龄段孩子要求自主的外在反映,是孩子表达拒绝父母意见的方式。

随着年龄的增长,孩子会发现,原来是有"权力"的存在的,为了达成心中的想法,他们也会不断地使用一些"手段",比如不想睡觉,他们在这种情况下感觉到自己的权力受到了肯定,甚至感觉到父母对自己的重视和无奈,因此,他很开心。父母对孩子的这种"自主"的要求,应该感到开心才对。毕竟,要培养出一个有判断力、责任感的孩子,前提是父母必须懂得权力的授予。所以说,孩子希望自己决定上床的时间,父母可在接受的范围之内,给予孩子一定的权力,这样才是双赢的做法。

其实,只要不是原则性的问题或危险的事情,孩子都有

拒绝的权利，我们也应该放手让孩子自己做决定，而且要多提供机会，让孩子自己做决定，并且是真正的自己做决定。父母千万不要左右你的孩子，也不应该对孩子事先做出假设或者限制，要给孩子提供单独思考、学习和玩耍的时间和机会，这样，孩子才能成长为一个独立的、有主见的人。

建立沟通的桥梁，打开孩子心灵的锁

生活中，我们常听到一些父母抱怨："孩子长大了，什么都不给我们讲，不知道他想的什么。"也常听到小孩说："懒得和父母说，说了他们也不理解。"久而久之，孩子不愿意说，家长也无奈，那么，问题出在哪里？是孩子的问题，还是父母的问题，还是沟通方法的问题？也许孩子不是一点问题没有，但更多的问题可能出在父母身上。

作为父母，你反思过没有，你是否曾愿意与孩子倾心长谈一次呢？在孩子还在襁褓中的时候，你一般会用故事、音乐、聊天来哄孩子入睡，等他变成儿童了，你是否还愿意抽出时间与孩子交流呢？如果在孩子入睡前我们能一起坐下来清理一天的"垃圾"，不让忧愁过夜，这是不是一种积极的生活态度呢？

大量事实表明，亲子之间沟通渠道的关闭，症结不在孩

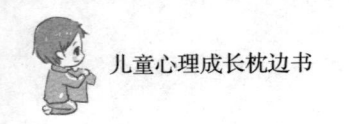

子，而在父母，比如，父母的冷淡磨灭了孩子倾诉的兴趣。每个孩子小时候都是爱向父母倾诉的，是由于父母的处理不当，致使孩子丧失了倾诉的兴趣。孩子既有饮食的饥饿，也有交谈的饥饿，而父母往往只关注了前者，忽略了后者。

有一位教育家说过："父母教育孩子最基本的形式，就是与孩子谈话。我深信世界上好的教育，是在和父母的谈话中不知不觉地获得的。"如何做到有效的沟通，是我们需要学习与探讨的。

陈先生几年前和妻子离婚后，他独自带着孩子。一次，他在自己的一篇日记中写到和儿子沟通的过程：

今天我又和儿子谈了很多，自从孩子上小学后，我深感和孩子沟通的困难，他似乎总是对我存在偏见。但经过这些天的沟通，他似乎理解我了，我也更深刻地明白了，和孩子沟通真的需要寻找最好的时机。

以前，我去和儿子聊天，儿子总是一副不耐烦的样子，我还感叹和他沟通怎么这么难。这会儿才明白，原来是我选的时机不对。就像这一次，一开始，我是在客厅和他谈的，他正在看电视，就不可能太注意我的谈话，能搭几句就不错了。等到我们一起包饺子的时候，很安静，也没有别的事打扰，儿子就和我聊了很多，这是以前无法相比的。

而儿子的有些事也是我从来不知道的，包括以前老师对他做的一些事。还有，他告诉我，他要是考不上很好的大学，就

出去干点什么，这是他从来没告诉我的，也是他对自己将来做的打算。我就非常认真地告诉他，我会完全支持他做的决定，不过，现代社会，只有知识才是永恒的竞争力，书是要读的。他好像听懂了，连连点头。

和儿子聊了很多很多，我对儿子有了更深的了解。我也更有信心，儿子是非常优秀的，在许多事上虽然想得不全面，却有自己的见解。我知道，只要我坚持和孩子沟通，我和儿子之间的关系会越来越好，孩子的身心也会健康成长。

在我们的生活中，不少家长并不能和这位父亲一样懂得反思家庭教育，也正是因为如此，造成了父母和儿童之间沟通的困难。

对此，儿童心理学专家建议：

1.表达尊重，平等沟通

孩子虽然年龄小，但他们也渴望被尊重、被关心。因此，我们在与孩子沟通的过程中若能巧妙运用"南风法则"，多关心孩子，那么，便能促使孩子意识到自己同成年人是平等的，有利于从小培养孩子独立的人格，能帮助孩子认真面对自己的问题或缺点。同时，也为孩子创造了乐于接受教育的良好心境。

2.尊重孩子的观点

"我爸爸非常专横。他不和别人讨论任何问题。他只是表明他的观点并宣称其他人都是愚蠢无知的。他总是试图告诉我

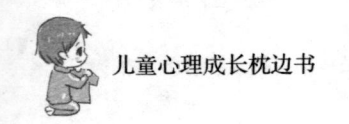

该思考什么，如何做每一件事。小时候不懂事，我以为爸爸是对的，可是长大后，他还是这样，到最后我只能对他的任何话都充耳不闻。"

这是一个十岁女孩的心声，或许这也是很多这个年纪的孩子的心声。做父母的很容易因为自己的身份和智慧而变得过于自信，从而在毫无察觉的情况下做出一些宣告、决定和断言，压制了孩子日益增长的寻求自身对事物独立看法的要求。这实际上是要让他按照你的观点和价值观来生活。这种"统治方式"造成的结果无非有两种，孩子叛逆或者自卑、没主见、不自信。

家长要明白，你越是将自己的观点和价值观强加于他，并自以为他会与你分享，他拒绝接受它们的可能性就越大，即便一个较小的孩子也是如此。

3.平行交谈，增加与孩子沟通的机会

现代社会，很多父母都很忙，孩子也每天忙于学习，造成亲子间的代沟越来越大。而其实，作为家长的你，也可以制造机会与孩子相处，比如可以与孩子参加晨跑，参加体育运动，如一起打球、一起游泳、一起旅游……这样不仅能增加与孩子沟通的机会，最重要的是得到了锻炼。

总之，作为父母，我们要努力让孩子信任我们，愿意向我们敞开心扉，才能打开沟通局面，和孩子一起成长，才能做好孩子成长路上的引路人。

细心观察，读懂孩子的心情

我们都知道，任何人都是有情绪的，包括喜、怒、哀、乐、恐惧、沮丧等。人是情绪的动物，人的情绪是与生俱来的，孩子逐渐长大，也开始有了多变的情绪，对于儿童来说也是如此。对此，我们要学会留意孩子心情，如果孩子产生消极情绪，要及时予以疏导，不然，他们的情绪就会像一匹脱缰的野马四处乱撞。可能刚刚那个那么活泼开朗的孩子一下子就变得闷闷不乐、喜怒无常、神神秘秘了。

我们先来看下面这位妈妈是怎么处理孩子的坏心情的：

一天傍晚，李太太正在做饭，女儿回家后就在嚷嚷："妈，从明天开始，我不去学校了，你别劝我！"

"为什么这么说呢？"李太太心想，女儿肯定在学校遇到了什么不开心的事。

"没什么，感觉不大舒服。"

"不舒服，哪里不舒服？怎么不早点请假回来呢？"

"不想耽误学习啊，你别问了，反正我不去。"其实，李太太心知肚明女儿有劲儿这么嚷嚷，怎么可能是不舒服呢，一定另有隐情。

"可是，今天不舒服，明天不一定不舒服啊，要不，妈妈带你去医院吧。"李太太在说这话的时候，故意露出一点笑容，女儿明白，妈妈看出端倪了，于是，她只好说："妈，你

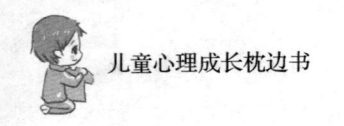

女儿是不是很没用啊？"

"怎么这么说，我女儿一直是最棒的，有最棒的学习接受能力，待人温和，还疼妈妈。"

听到李太太这么说，女儿笑了，主动招出了今天遇到的事："妈，今天老师叫我们写一篇作文，我拼错了一个字，老师就嘲笑了我一番，结果同学们都笑我，真没面子！"

此时，李太太没有说话，只是搂着伤心的女儿。女儿沉默了几分钟，从妈妈怀中站了起来，平静地说："谢谢你听我说这些事，我要去小胖家了，他还等着我一起复习功课呢。"

从这个故事中，我们发现，李太太是个细心的人，当女儿说不想去上学时，她并没有对孩子进行批评和指责，而是循循善诱，让孩子道出了心事，这样的沟通才是有效的，才能帮助孩子疏解困扰。

因此，作为父母要体贴和帮助孩子，要对孩子身心发展的状况予以留意，对他们某些特有的行为举止要予以理解并认真对待。认识到孩子在儿童时期的情绪管理至关重要，继而理解孩子，才能和孩子做朋友。

我们家长要做到：

1.细心观察，留意孩子的心情好坏

作为父母，你是否发现，当孩子呱呱坠地时，我们会特别留意他，会留意孩子的声调、面部表情、动作、姿势等，会用自己的行动表达对孩子的爱，可当孩子逐渐长大、成为儿童后，做父母的，反倒把这种表达爱的方式搁浅了。而这种细微的变化，很多父母都没有注意到，却导致孩子在离我们越来越远。大多数情况则是，孩子的各种情绪开始日益明显，很多家长抱怨孩子不好管，而事实上，没有教不好的孩子，只有不好的教育方法。只要方法妥当，任何孩子都是优秀的；只要用心，总能找到合适的教育方法，而孩子更需要的是家长的爱和关心。

2.理解、信任你的孩子，查找孩子消极情绪产生的原因

可怜天下父母心，每个父母都是爱孩子的，可是教育的结果却不完全相同，为什么有的家长能跟孩子和谐相处，情同知己，有的却水火不容、形同陌路。这就是教育方法的不同所造成的。作为父母，首先要了解你的孩子，关注孩子的成长过程，你要了解孩子烦恼产生的来源，只要这样，才能对症下药，帮助孩子解决烦恼。

3.适当"讨好"一下你的孩子，缩短彼此间的心理距离

当然，这里的"讨好"并不具备任何功利的目的，而是为了加强亲子关系，父母亲应该偶尔赞扬一下你的孩子，或者带孩子出去散散心等，让孩子感受到家庭的温暖，彼此间的心理距离就拉近了。那么，孩子自然愿意向你倾诉了。

4.不要总是压制孩子表达自己的想法

任何父母，都希望自己的孩子把自己当朋友，对自己倾吐成长中的烦恼与快乐，然而，孩子愈大愈难与他们沟通，这是

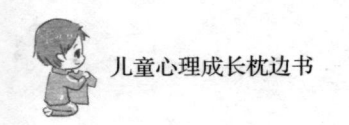

很多父母共同的感受。这是由什么造成的呢？其实，孩子也想对父母说实话，只是很多父母总是端着家长的架子，甚至压制孩子的想法，孩子又怎么愿意与你沟通呢？因此，聪明的父母都会引导孩子发表自己的意见，让孩子畅所欲言。

5.分享孩子的感受

无论孩子的心情如何，也无论孩子是向你们报喜还是诉苦，你们最好暂停手边的工作，静心倾听。若边工作边听，也要及时作出反应，表示出自己的想法或感受，倘若只是敷衍了事，孩子得不到积极的回应，日后也就懒得再与大人交流和分享感受了。

望子成龙、望女成凤的家长们，在日常生活中，如果你发现你的孩子满脸愁容，那么你就要考虑下自己的孩子是否在为某件事烦心。此时，你要从理解孩子、尊重孩子的角度，做孩子的朋友，或许他会对你敞开心扉！

第02章

孩子成长需要安全感：先了解孩子心理再去处理问题

生活中，我们每个人都需要安全感，安全感是我们心灵的归宿，同样，我们的孩子也需要，尤其是那些年幼的儿童，而他们的安全感很大程度来自于给予他们生命的父母和家庭。为此，在家庭教育中，当儿童在成长中遇到问题时，我们先要给予孩子足够的安全感，了解孩子身上发生了什么，再给予引导，这样孩子才愿意信任你，进而接纳你的建议和帮助。

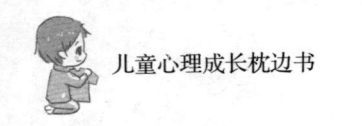

父母愿意听，孩子才愿意说

任何父母，都希望自己的孩子把自己当朋友，他们都希望孩子向自己吐露心声。但事实上，很多父母发现，为什么孩子什么都不愿意跟自己说，而如果自己强求孩子"开口"的话，也许上演的就是一场口水战了，实际上，我们应该反思，孩子不愿意说，你是否愿意听呢？

事实上，正是因为一些父母总是端着长辈的架子、不愿意听孩子说，一些孩子也不再愿意与父母沟通了。而聪明的父母都会懂得倾听，引导孩子发表自己的意见，让孩子畅所欲言。

奇奇爸爸发现，他家的奇奇今年变得越来越不听话了，经常在学校惹事，他也经常被老师请去，这不，奇奇又在学校打架了。回家后，爸爸并没有训斥孩子，而是心平气和地把孩子叫到身边。

"我知道，老师肯定又把你请去了，我今天是少不了一顿打。"儿子先开了口。

"不，我不会打你，你都这么大了，再说，我为什么要打你呢？"爸爸反问道。

"我在学校打架，给你丢脸了呀。"

"我相信你不是无缘无故打架的，对方肯定也有做的不对

的地方，是吗？"

"是的，我很生气。"

"那你能告诉爸爸为什么和人打起来吗？"

"他们都知道你和妈妈离婚了，然后就在背地里取笑我，今天，正好被我撞上了，我就让他们道歉，可是，他们反倒说得更厉害了，我一气之下就和他们打了起来。"儿子解释道。

"都是爸爸的错，爸爸错怪你了，以后别的同学那些闲言闲语你不要听，努力学习，学习成绩好了，就没人敢轻视你了，知道吗？"

"我知道了，爸爸，谢谢你的理解。"

可以说，奇奇的爸爸是个懂得理解与倾听孩子心声的好爸爸，孩子犯了错，他并没有选择粗暴地责问、无情地惩罚，而是选择了倾听。倾听之中，表达了对孩子的理解，让孩子感受到了爱、宽容、耐心和激励。试想，如果他在被老师请去学校以后就大发雷霆，不问青红皂白地将孩子打骂一顿，结果会是怎样呢？结果可能是父子之间的距离越来越远，孩子的叛逆行为也可能越来越明显。

事实上，现代社会，随着人们生活步伐的提速、竞争压力的加大，作为家长，为了能给孩子一个优越的生活环境，常常由于工作忙碌，而忽视了与孩子多沟通，陪孩子一起成长。父母是孩子的第一任老师，也是孩子接触时间最长的朋友，在孩子成长的过程中，最需要的就是父母的关心，最愿意与之交流

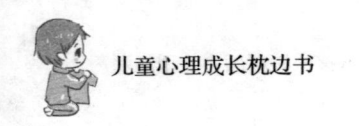

的也是父母。对于儿童时代的孩子来说，随着他们进入学校之后，有了一定的自我意识。如果缺少父母的理解，那么，亲子关系就会越发紧张，甚至对孩子的成长产生不利影响。

可见，父母不愿倾听、理解孩子的最终结果可能是失去"倾听"的机会。常有家长这样抱怨：真不知道我家孩子是怎么想的，总是不肯好好听我说话。对此，父母应该反问自己：作为家长，你有没有听过孩子说话？我们把大量的时间用来批评和教育孩子，却忽略了倾听。父母应该做的不仅仅是为孩子提供良好的物质生活环境，同时，应该去倾听孩子的内心，让彼此间的心灵更为亲近。

其实倾听孩子的过程，不仅仅是给孩子一个说话的机会，父母也可以从中得到极大的乐趣。不要因为被生活中的一些琐事束缚而放弃这个机会。听孩子说话的时间也许足够你做一顿饭，打扫一间屋子，或是写一份工作报告，但是却会让父母和孩子错失一个构建良好亲子关系的大好机会。

为此，儿童心理学家建议我们家长：

1.放下父母的架子，平等地与孩子沟通

倾听的首要前提就是要和孩子平等地对话，这才能达到双向交流的作用。和孩子发生矛盾在所难免，但要等孩子把话说话，再提出解决的办法，这才会让孩子感受到尊重。

作为父母，一定要放下架子，主动与孩子交流，然后认真倾听，只有让孩子体会到家长对自己的尊重，孩子才能更加信任家长，达到和家长以心换心、以长为友的程度。在这种条件下，孩子对家长完全消除隔膜、敞开心扉，培养的过程因此将成为一种非常美好的享受。

2.摒弃成见，孩子的想法未必不正确

作为大人，很多时候，会认为孩子的想法是不对的，甚至是不符合常规的，抱着这样的心态，在倾听孩子说话的时候，会有一种先入为主的想法，会把孩子的话摆在一个"幼稚可笑"的立场，孩子自然得不到理解。其实孩子也是人，孩子也有一个丰富的心灵，我们要特别注意倾听他们的心声。

3.向孩子传达你在专注倾听的态度

当孩子产生一些不良情绪的时候，做父母的需要及时察觉出来，然后主动接触孩子，运用停、看、听三部曲来完成亲子沟通这个乐章，"停"是暂时放下正在做的事情，注视对方，给孩子表达的时间和空间；"看"是仔细观察孩子的脸部表情、手势和其他肢体动作等非语言的行为；"听"是专心倾听孩子说什么、说话的语气声调，同时以简短的语句反馈给孩子。

可能你的孩子做得不对，但作为家长，不要急于批评孩子，应该在倾听之后，对孩子表达你的理解，在孩子接纳你、信任你之后，你再以柔和坚定的态度和孩子商讨解决之道，从而激励孩子反省自己，帮助他从错误中学习成长。

其实，每一个儿童都希望得到父母的理解，因此，从现

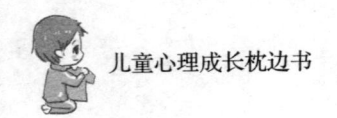

在起,每天哪怕是抽出2小时、1小时,甚至是30分钟都好,做孩子的听众和朋友,倾听孩子心中的想法,忧其所忧,乐其所乐,当孩子有安全感或信任感时,就会向其信任的成年人诉说心灵的秘密。这样,才有可能经常倾听到孩子的心灵之音,你的孩子才会在你的爱中不断健康地成长,快乐地度过童年!

允许孩子失败,孩子才会坚强

据媒体报道,在某小学,有个女学生,学习成绩很好,喜欢帮助同学,人缘不错,老师和同学都很喜欢她。但有一次,一个学习成绩差的同学求她帮忙,让她帮忙作弊,谁料没有作过弊的她因为紧张过度被老师发现,最终被老师赶出考场。事后,她对这件事一直耿耿于怀,最后羞愧地跳入长江自杀身亡。对这个女学生自杀事件,人们从各个角度在报纸上展开了大量讨论,谈的最多的还是中学生的心理素质——心理承受力的问题。

我们不得不承认,现在的孩子心理承受能力越来越差。在学习方面,过分注重自己的学习成绩,一次考试成绩不理想就会使自己伤心很久,甚至出现厌学的倾向;在人际关系方面,害怕别人拒绝自己,不知道怎么与人相处,对同学之间的一点小矛盾会感到束手无策,从而使自己心神不宁,学习退步;受到家长和老师的一点点批评就会使他们离家、离校出走等,以上的种种都是孩子输不起的表现。

心理承受能力,是指一个人从挫折中恢复愉快心情的心理素质。心理承受能力对一个人的生活和工作是非常重要的。一个人只要进入社会,就会遇到各种压力、困难和挫折,有的人能勇敢、乐观地去战胜它,而有的人却显得懦弱、悲观,处处想逃避它。在这个快速发展的社会里,我们每个人包括我们的孩子,都会遇到各种压力。比如,考试不及格,竞赛不入围,升不了重点中学,和同学、老师关系不好等,这些都会给孩子带来心理压力。特别是那些性格内向的孩子、学习成绩差的孩子、单亲家庭的孩子、生理有缺陷的孩子、失足有过错的孩子,他们面对的问题更多。再加上父母不能正确地指导、对待他们,使得这些孩子在遇到不愉快的事情时有话不敢说,心里的郁积得不到舒展,久而久之,就给自己造成了强大的精神压力。

近年来,中小学生离家出走甚至自杀现象逐渐增多。究其本源,也都是些成年人看起来微不足道的原因。但对孩子来说,这些压力却成为他们的一种精神负担,容易引起孩子的心理障碍。如果孩子从前话很多,突然变得沉默起来,那可能遇到了问题,父母应该及时给予帮助。

然而,这些问题,"病"在儿女,"根"在父母。一些父母一旦孩子犯点错,或者某些方面没做好,就严加训斥,孩子哪有经受困难与挫折的心理准备和能力。表面上看,这些孩

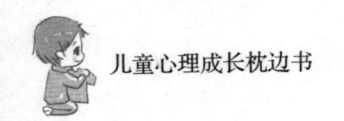

子个性十足，其实内心里十分脆弱，就像剥离的蛋壳，稍一用力，就成了碎片。

事实上，作为父母，我们要认识到，允许孩子失败，孩子才有可能真正成长起来。对此，儿童教育心理学建议我们：

1. 允许孩子慢一点

现代的独生子女在其成长过程中，父母总想方设法排除一切干扰，让其顺利成长，缺少甚至没有必要的应激和挫折，适应力从何而来？遇到挫折又怎能输得起呢？

与其他孩子比较本无可厚非，可千万不要忘记对自己孩子的前后比较，更不要从你的视角来设想孩子的所见所闻，因为"你如果不蹲下来和孩子一样高，又怎么知道孩子看到的仅是成人的大腿呢？"要用成长的事实来鼓励孩子成长，慢一点不要紧，关键是每一步都要有孩子自己的汗水和思考。

2. 正确面对孩子的挫折

当孩子遇到挫折时，家长一定要正确面对，千万不要反应过度。面对遭遇挫折的孩子，家长要避免做出任何消极否定的反应，因为这种反应只会加重孩子的失败感。家长不妨改变一下方式，变消极否定为积极鼓励、加油。这样做，既在客观上承认了孩子的失败，又充分肯定了孩子的努力，保护了孩子的积极性，同时，应为孩子指出继续努力的方向。

3. 给孩子制定一个适度的发展目标

适度的期望是相信孩子的表现，能帮助孩子发挥自己的潜能。因此，作为家长，一定不要否定你的孩子，而要相信孩子有能力、有潜力去做一件事。此外，家长更要从孩子自身的特点出发，帮助孩子制定一个适度的目标。同时，无论成败，都要给孩子一个客观的评价，孩子哪里做得对、哪里做得不对，该发扬什么优点、改正什么缺点等，在此基础上，孩子才能从容应对生活中的各种挫折。

4. 避免用语言、行动证明孩子的失败

现在的独生子女心理素质差，受挫能力普遍较低，这就要求家长帮助孩子树立坚强的意志，培养他们敢于直面逆境的信心与毅力。要将孩子推上风口浪尖，让其经风雨历磨难，这对孩子克服软弱、形成刚毅的性格大有帮助。

5. 孩子失败时，告诉孩子："别怕，有爸妈在。"

家长要多尊重孩子的自尊心，要尽可能支持他们，尤其在他们遭遇困难、失败的时候，帮助他们分析事件和自己的心理，理出一条可行的，能够被孩子接受同时又不僭越事物正常规则的解决方案。一句"别怕，有爸妈在"支持你的孩子，会让你的孩子真正感受到自己并不孤单。

6. 鼓励你的孩子多吐露心声

作为家长，要在家庭中发扬民主，平时要多注意和孩子沟通，让孩子发表自己的观点，这可使孩子感觉到无论做什么，只有"有理"才能站稳脚跟，这对发展孩子个性极为有利。

总之，作为父母，我们一定要明白，孩子毕竟是孩子，在

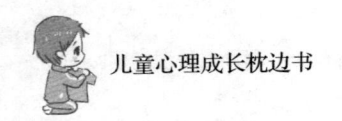

成长的过程中，难免会遇到这样那样的问题，对此，我们要给予理解和支持，并鼓励孩子坚强、自信地面对问题。这样，孩子往往比较容易听进去，进而愿意接纳你的建议，并学会正确面对成长中的挫败。

7. 鼓励孩子，让他大胆尝试

有人说，人生是一场面对种种困难的"无休止挑战"，也是多事多难的"漫长战役"，但只要有勇气，勇敢地向前冲，就能把这些挫折和阻力变成磨炼自己的动力。因为阻力可以使飞机飞上天空，阻力可以使帆船行驶得更快。无论在学习上还是生活上，任何一个缺乏勇气的孩子，也就缺乏主动性和信心，并可能因此而错过原本属于自己的成功和幸福。可以说，缺乏勇气是孩子成长和成功道路上的绊脚石。

因此，作为父母，我们要从小就鼓励孩子大胆尝试，帮助孩子树立勇气。

一个小男孩正专心致志地拼装玩具超人。当他把超人拼装好时，被一个大个子男孩一把抢去，他也被推倒在地。小男孩从地上爬起来，跑到妈妈面前哭诉。

原本妈妈应该去调查事情的真相，再严厉地批评大个子男孩一顿，然后安慰受伤的弱者，让抢玩具的孩子把玩具还给他，并且道歉认错。

然而这位妈妈没有这么做，她了解了事情的真相后，对挨打的男孩说："不要哭，你去把属于你的东西要回来。"

于是这个小男孩就跑上去夺回自己的玩具,还跟大个子男孩打了一架。虽然过程很辛苦,但他最后胜利了,妈妈看到了小男孩拿回玩具时自信的笑容。

在生活中,家长往往教育孩子要学会谦让,或者通过成人的干预,为孩子解决难题,但却忽略了孩子应该从小懂得维护自己的权利和尊严,并在这一过程中获得自信。家长们,不妨放手,像那位妈妈那样,仅仅是给孩子一句鼓励,让他自己要回属于他的东西,同时,注意让他使用正确的方式。

那么,家长应该鼓励孩子多尝试哪些事呢?

1.鼓励孩子树立自信心

父母应该让孩子知道,树立自信心是战胜胆怯退缩的重要法宝。胆怯退缩的人往往是缺乏自信的人,对自己是否有能力完成某些事情表示怀疑,结果可能会由于心理紧张、拘谨,使得把原本可以做好的事情弄糟了。

因此,父母要教导孩子在做一些事情之前就应该为自己打气,相信自己有能力发挥自己的水平,然后按照想法自己去努力就可以了。

2.鼓励孩子大胆与人交往

一般来说,怯于表现的孩子面对众多目光只是觉得不安,并非讨厌赞美和掌声,您只要看看他们投向同伴的目光就知道了。因此,家长应有意识地扩大孩子接触面,让孩子经常面对陌生的人与环境,逐渐减轻不安心理。闲暇时,带孩子和邻居

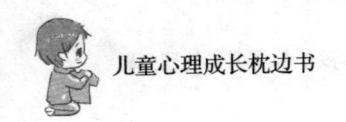

聊上几句，帮孩子与同龄朋友一起玩耍，建立友谊；购物时甚至可以让孩子帮忙付钱；经常到同事、亲戚家串门；节假日，一家三口背上行囊去旅游，让孩子置身于川流不息的游客潮中……随着见识的增长，孩子面对别人的目光时，便会多几分坦然。

3.鼓励孩子做一些不喜欢做甚至是不敢的事

也有些孩子总是屈从于他人，不敢鼓足勇气尝试没有做过的事情，时间久了就会误以为自己生来就喜欢某些东西，而不喜欢另一些东西。应该让孩子认识到，什么事情都要敢于去尝试，尝试做一些自己原来不喜欢做的事，就会品尝到一种全新的乐趣，从而慢慢从老习惯中摆脱出来。关键要看是否敢于尝试，是否能把自己的想法贯彻到底。

4.鼓励孩子学会照顾自己

父母要时时处处注意培养孩子的独立性、坚强的毅力和良好的生活习惯，鼓励孩子去做力所能及的事情，让孩子学会自己照顾自己。当孩子遇到困难时，父母不要一味包办，而要让孩子自己想办法解决。

当然，开始时父母要予以必要的指导，使孩子慢慢学会自己处理各种事，而不能一下子就不问不管，这样只会使孩子手足无措，更加胆小。

5.鼓励孩子表现自我

有了家长的肯定，如果再加上外人广泛的认可，孩子的自信心便会得到强化。带孩子走出小家，鼓励他迎着外人的目光勇敢地展示自己，这个过程可能较长，孩子的表现也会有反复，家长应有充分的心理准备。不妨先从孩子较为熟悉的环境入手，亲友聚会是个不错的选择，面对熟识的人孩子会比较放松。比如家长可以看准时机，轻声对孩子说："今天是外婆的生日，如果为外婆唱首歌，她一定特别高兴。"要注意的是，家长不一定非得当众大声宣布，要给孩子留有余地，众人期盼的目光或是善意的笑声都有可能加重孩子的排斥心理。如果孩子还是拒绝，家长不要再施加压力，给孩子个台阶下："是不是今天没有准备好呀？那下次准备好时再唱吧。"同时，为了减轻孩子的负面情绪，还可以给他一个微笑或拥抱，或找出别的理由对孩子进行肯定。

通过以上这些方法，当孩子获得赞美，体会到被肯定的喜悦时，自信心便会随之增强；而自信心的增强，反过来又会促使孩子勇于继续尝试。也许孩子一时并不能像那些天性外向、开朗的孩子一样乐于表现，但只要他能学会勇敢地展示自己，就是在把握机会，积极进步。长此以往，孩子自然也就不再胆怯了。

另外，我们家长需要注意，面对胆小、勇气不足的孩子，家长切忌与同龄孩子对比或者辱骂孩子，应该不失时机地与孩子沟通，给孩子以鼓励和赞扬，帮助并引导孩子努力克服自身的弱点，尽可能避免孩子因胆怯所造成的心理紧张，以缓解孩

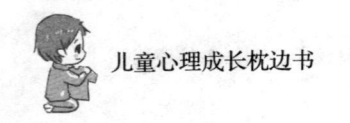

子的胆怯，促进孩子健康成长。

与其强制和命令，不如正面引导

在家庭教育中，可能不少父母都认为，教会孩子，就是要让孩子听话，不然孩子很容易走错路，于是，他们在说话时尽量提高音调，以为孩子会听自己的话，但结果却常常事与愿违。其实，假如我们能摒弃强制和命令，采取正面引导的方法，多听听他的心声，让孩子感受到我们对他的尊重，亲子关系也许会好很多。

杨女士是某公司的老总，但她很苦恼，因为她的儿子总是和她作对，无奈，她只好求助于心理咨询师。心理咨询师试着与这个孩子沟通，但出乎她的意料，这个孩子很合作。

"为什么总是与妈妈作对？"

他直言不讳地说："因为妈妈总是像教训、指挥员工一样来对待我，我都感觉自己不是她儿子，所以我总是生活在妈妈的阴影里。"

心理咨询师把这名男孩的原话告诉了他的妈妈，然后把他们母子请到了一起。杨女士十分激动而又真诚地对儿子说："儿子，你和我的员工当然是不同的，妈妈希望你更出色！"

听完这句话后，心理咨询师立即给予纠正："您应该说

'儿子，你真棒，在妈妈心里你是最优秀的，我相信你会更出色。'"

杨女士不明白为什么要纠正，心理咨询师说："别看这是大同小异的两段话，其实有着很大的不同，前者是居高临下的指挥，后者是朋友式的赞美和鼓励。我觉得您在教育孩子上，不妨换一种方式，多一些引导，和孩子做朋友，而不是教训孩子！"

杨女士听完，若有所思地点点头。

其实，杨女士的教育方式，在中国很典型，他们多以教训和指挥的口气来教育。一开始，可能你的孩子会反击，但久而久之，发现自己的反击无效后，便保持沉默了，于是，很多父母着急了。其实，这是我们的教育方式出了问题，教育孩子，我们要做的是引导，而绝不是教训，要尊重孩子，尊重他的人格，尊重他的意见。不可动辄训斥有加，那样只会使他离你越来越远。

其实，无论遇到什么情况，我们都应该用引导的方式教育孩子，而不应用简单的说教、甚至训斥的方式。

家长在日常生活中必须做到：

1.尊重

父母在教育自己的孩子时，必须首先认定他是"人"，既然是人，就应该充分尊重他的"人格"，不应该用简单粗暴和强制命令的方式来代替细致入微的思想工作。

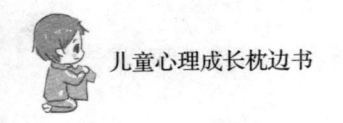

2.理解

父母必须认识到,任何人犯错误都不是故意的,更何况是一个未长成大人的孩子,他们什么事情都处于认知阶段,不管遇到什么事情,都需要好说好商量,而不应该是像防贼一样疑神疑鬼,动不动就斥责、恐吓,甚至不惜伤害孩子的自尊。要注意,孩子的自尊是不能伤害的。

3.体贴

孩子的心理都是脆弱的,尤其是年幼的儿童,家庭作为一种唯一的、可供精神寄托的场所,必须满足他们生理和心理两方面需求,在没有疾病的情况下,他们可以省吃俭用,但精神必须是愉快的,心理上也是需要满足的,不能用单纯的金钱去填补精神上的空虚。

4.引导

孩子犯错误并不可怕,可怕的是认识不到自己的错误,导致无法改正自己的错误,这才是可怕的。对待孩子的错误,要以鼓励和引导为主,惩罚为辅。

其实,我们要想加深亲子关系,让孩子乐意与自己"合作",首先要从改变我们自身开始。我们要转换思维,摒弃传统的家庭观念,不总去挑孩子的问题,而是不断使自己的思维重心向这几个方面转移:儿子虽然小,但已经也是个大人了,他需要尊重;我的孩子是最棒的,他具备很多优点;允许孩子犯错误,并帮助他去改正错误……

当然，我们尊重并引导孩子，并不是一切由着孩子说了算，也不是父母在任何情况下都不能对孩子有命令性、强制性要求，在一些重大事情上，父母对孩子的强制要求、行为规范是必要的，父母不可放弃作为孩子法定保护人的职责。但父母要把握一个"度"，不可事无巨细都要孩子听从父母，不能越雷池一步。

总之，我们要想让孩子打开心扉，愿意接纳父母的引导，就要做到真正与孩子平等沟通。你对孩子的理解和尊重，必然有利于问题的真正解决，有利于两代人的沟通！

培养孩子积极乐观的心态

在家庭教育中，我们都希望自己的孩子能积极向上，这是高情商的体现。心理学的研究表明，积极的孩子开朗、活泼；对待生活热情，不怕失败，敢于尝试；对事物充满极大的兴趣，创新意识较强。他们在学校的表现往往比较好，长大了也容易获得成功。我们还发现，那些成功人士，无不有着积极的心态，而他们积极的心态，是在经历了人生的磨难和生活的历练以后获得的。相反，现在很多家庭，父母辛苦打拼，全部心血都是为了孩子。家长满足孩子的一切要求，吃好的，穿好的，玩好的，甚至还想要给孩子留下一笔可观的财产。父母想

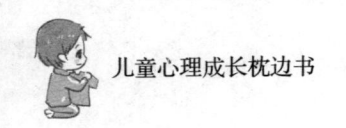

着孩子的一辈子，可是这样优越的生长环境，却造成了孩子心灵上的空虚，凡事悲观消极、闷闷不乐。

我们发现，作为家长，在儿童的成长过程中我们一般只注重孩子的健康和智商，却忽略了影响孩子一生的至关重要的一点，那就是孩子健康的心理。那么，培养儿童积极乐观的心态，家长该如何做呢？

为此，我们需要从以下几个方面努力：

1.父母要用积极的心态影响孩子

作为父母，我们也是孩子的老师。父母如何看待人、事、物，首先是对父母人生态度的一个考验，其次是对孩子给予何种影响。

如果我们积极乐观，遇到难题和挫折时能将其看成一个新契机，那么孩子在我们家长的影响下，也会直面人生的各种挫折，以积极的心态去迎接各种挑战。反过来，如果我们总是消极悲观、回避现实，那么只能降低自己在孩子心目中的威信，更不利于教育孩子正视挫折。

2.为孩子创建温馨轻松的家庭氛围

家庭的气氛，家庭成员之间的关系，在很大程度上会影响儿童性格的形成。研究表明，孩子在牙牙学语之前就能感觉到周围的情绪和氛围，尽管当时他还不能用语言来表达。可以想见，一个充满了敌意甚至暴力的家庭，绝对培养不出开朗乐观的孩子。

父母最好不要在孩子面前争吵，如果被孩子看到或听到，必须要当着孩子的面解决，表示父母已和好，还会和以前一样快乐地生活，这样有利于孩子的心理健康，不会对孩子造成对未来生活的恐惧感。

在对孩子的教育上，不能是父母一方在教育而另一方却在偏袒。正确的做法是父母要阵线一致，当然对孩子的教育以讲道理为主，而不是靠"打"。不过，对于一些原则性的问题，比如说谎、偷东西、逃学等，如果屡次说服教育不听，可以用"打"的手段以引起孩子的警诫。但"打"要在让孩子认识到错误并不再犯的同时顾及到孩子的自尊心，打后应及时给予孩子抚慰，让孩子明白打他的理由和父母的良苦用心及对他的爱。建立一种相互信任的关系，孩子会因为父母所表现出的对他的充分的信任感而自豪，有助于孩子乐观心态的形成。

3.让孩子拥有适度的自信

拥有自信与快乐性格的形成息息相关。对一个因智力或能力有限而充满自卑的孩子，家长务必发现其长处，并审时度势地多作表扬和鼓励。来自家长和亲友的正面肯定无疑有助于孩子克服自卑、树立自信。

4.勿对儿童控制过严

作为家长，当然不能对孩子不加管教、听之任之，但是控制过严又可能压制儿童天真烂漫的童心，对孩子的心理健康产生消极作用。不妨让孩子在不同的年龄阶段拥有不同的选择

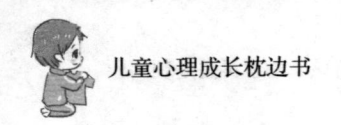

权。只有从小能享受选择权的孩子，才能感到真正意义上的快乐和自在。比如：

（1）让孩子有时间享受"不受限制"的快乐

家中孩子一旦开始喊叫、跳跃，父母便会想办法制止，孩子只好越来越乖了。但由此带来的是孩子的热情和活力在一点点丧失，孩子的心灵也感受到了压抑。

（2）体育活动

好的身体状况和运动技能，有利于让儿童树立正确的自我形象观。

（3）笑出声来

笑出来，对家长和孩子的健康都有好处

5.鼓励孩子多交朋友

不善交际的孩子大多性格抑郁，因为时时可能遭受孤独的煎熬，享受不到友情的温暖。不妨鼓励孩子多交朋友，特别是同龄朋友。本身性格内向、抑郁的孩子更适宜多交一些开朗乐观的朋友。

6.教会孩子与人融洽相处

和他人融洽相处者的内心世界较为光明美好。父母不妨带孩子接触不同年龄、性别、性格、职业和社会地位的人，让他们学会和不同类型的人融洽相处。当然，孩子首先得学会跟父母和兄弟姐妹以及亲戚融洽相处。此外，家长自己应与他人相处融洽，做到热情、真诚待人，不势利卑下，不在背后随意议论别人，给孩子树立一个好榜样。

7.物质生活避免奢华

物质生活的奢华会使得孩子产生一种贪得无厌的心理，而对物质的追求往往又难以获得自我满足，这就是为何贪婪者大多并不快乐的根本原因。相反，那些过着简单生活的孩子，往往只要得到一件玩具，就会玩得十分高兴。这也是"穷养男孩"的要义之一。

教育是一门艺术，每个孩子的教育结果就是父母的艺术成果，我们如何教育，就会造就什么样的孩子。但无论如何，从儿童阶段我们就帮助孩子建立积极自信的自我意识，孩子在以后面对问题和挫折时更能以平和、阳光的心态面对。好心态能让孩子在成长的路上走得更稳健！

多关注儿童的优点和进步

望子成龙、望女成凤是父母最大的心愿，每位家长也都希望自己的孩子能够出人头地，成为社会上的有用之人，在这一殷切的希望下，不少父母认为"棍棒下出人才"。他们总是盯着儿童的缺点和不足看，他们认为这样能督促孩子进步，结果却适得其反。在父母长时间的打压下，不少儿童也认为自己毫无优点，甚至产生严重的无用感。这些孩子有这样一些表现：

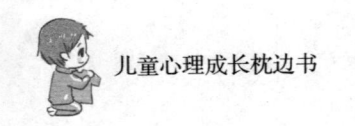

有些孩子在人群聚集的场合无法参与谈话，想表达自己心里的想法，但又张不开口，甚至害怕自己的发音不准。他们开始讨厌自己，认为自己很没用，在整个交际过程中，他都处于一种紧张的状态。这对孩子的成长是十分不利的。这些孩子往往十分脆弱、常常自卑、又具有极力压抑自己的恶习，他们摆脱不了挫折的阴影，或者干脆躲在阴影中看这个世界。

其实，我们家长都希望教育出勇敢、坚强的孩子，但这首先需要我们对儿童的肯定，这样，他们才有勇气正视自己的优点，也才能发挥自己的价值。

张老师最近遇到一个家长，这位家长在离学校不远的某单位上班，她每天都等张老师下班，然后找张老师一起回家。其实，张老师明白，她是想跟她儿子的老师多聊聊。

一路上，张老师总是听到她在埋怨她的儿子，基本都是情绪发泄。而其中很重要的一条就是，她的儿子自从上了三年级后，好像开始把家只当成一个睡觉的地方，也很少和父母交流，平时让他做什么，也开始敷衍了事。

张老师一直听着，等到她讲完后，张老师就反问她："其实，你遇到的这个问题，我听不少家长说过，孩子一到青春期后，独立性增加，他们比从前更需要肯定和理解，先不说这个，你说说你儿子的优点吧。"

"张老师，您真会开玩笑，他哪有优点，他身上都是缺点。"

"是吗？您儿子是我的学生，我比较了解，你儿子学习成绩很好啊，对人很有礼貌，长得也很帅，乐于帮助人等。"听完张老师的话，她一一点头。

"现在，您应该知道您的儿子为什么不和您说心里话了吧。作为家长，只有把孩子当朋友，了解孩子、理解孩子、尊重孩子，并看到孩子的闪光点，和孩子心连心，孩子才会愿意和你打开心扉。"

从那天以后，这位家长再也没为儿子找过张老师了。

生活中，我们有多少家长和案例中的这位家长一样呢？儿童在成长的过程中，最需要的是来自父母给予的安全感，而这一份安全感的重要表现就是来自父母的肯定。如果我们紧盯着孩子的缺点和不足看，无疑是对儿童自信心的打击。为此，儿童教育心理学家建议我们父母做到：

1.要用发展的眼光看待孩子

古语有云："士别三日，刮目相看。"历史经验值得汲取。任何人、任何事都不是一成不变的，我们的孩子也是在不断进步的。而同时，孩子对于父母的态度是很在意的，假如你的孩子进步了，你一定要赞扬他，而不是用老眼光来看待他的缺点。

玲玲和洋洋是很好的朋友。这天，洋洋来玲玲家玩，玲玲妈妈就留洋洋在她家吃饭，吃饭期间，自然提到了学习成绩问题。洋洋说自己这次考试又是满分。

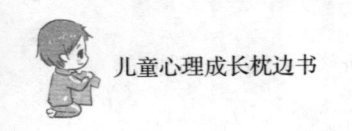

一听到洋洋这么说，玲玲妈妈就开始数落玲玲了："你就不能和洋洋学学？你的成绩总是那么糟，上次月考竟然有一门不及格，去年还是倒数第十名，像你这样上课注意力不集中，不专心听讲，又不求上进的人，怎么能取得好成绩？回房间好好想想去，我不想看到你这个样子。"

虽然不是第一次遭妈妈训斥，可玲玲觉得好没面子，只好自己回了房间。

其实，我们的生活中，很多孩子都有过玲玲这样的遭遇。一些父母，根本看不到孩子的进步，总是拿孩子的缺点说，并且，还当着其他人的面，这让孩子的自尊心受到严重的伤害。

而明智的父母则不是如此，他们会看到孩子身上的点滴进步，在孩子有任何一点的进步时，他们都会夸奖孩子，让孩子感受到父母对自己的爱和关注。

每一个父母在教育孩子时，都要让孩子明白一点，无论他的成绩如何，只要他努力了，就是好孩子。事实上，孩子对于自己的进步是非常敏感的，但孩子最希望的是得到父母的认同。如果父母总是刻板地看待孩子，那么，时间一长，得不到认同的孩子便不愿意向你敞开心扉了；如果父母能够及时发现孩子的进步并进行表扬，孩子的心灵就会得到阳光的沐浴，进而敞开心灵，把父母当成最好的朋友。而融洽的亲子关系是家庭教育最基础的保证。

2.要全面地看待孩子

有时候,我们只看到了孩子的某个方面或者某些方面,而没有全方位地了解孩子。你发现没,你的孩子虽然学习成绩不好,但他的人缘却很好,别人总是愿意和他交朋友,对于这点,你夸赞过他吗?

3.要客观地看待孩子所做的事

无论你的孩子做了什么,你都要从事情本身评价,这样,才能避免因刻板印象而误解孩子。

在社会心理学中,这种用老眼光看人所造成的影响,称为"刻板效应"。它是对人的一种固定而笼统的看法,从而产生一种刻板印象。家庭教育中,我们要看到孩子点滴的进步,要学会从多方面看待孩子,只有这样,才能对孩子产生认同感,才能加深亲子间的关系,从而有利于家庭教育的顺利进行。

4.给孩子适当的鼓励

(1)在生活中要注意并善于发现孩子的优点和点滴的进步,并不失时机地给予肯定和表扬。

(2)不要总拿孩子的缺点和别人的优点做比较,更不要贬低孩子。

(3)不管你的孩子表现如何,都不能随便作出"没有出息"之类的负面判断,也不能任意给孩子贴上"窝囊废"之类的灰色标签。

(4)不要单纯抽象地用貌美、聪明、学习成绩好等夸奖来

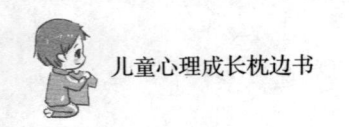

满足孩子的自我表现欲，而要尽可能地在具体的不同层次上让孩子看到自己特有的优势，从而实现高质量的自我满足。

（5）要教育孩子重视自己每一次的成功。成功的经验越多，孩子的自信心也就越强。

（6）要让孩子知道，只要付出，就会有收获；付出的越多，收获的就越多。

第03章

用足够的爱包围孩子：教会孩子珍惜和感恩

作为成人，我们都知道，只要在这个世界上生存，就有需要，比如有衣、食、住、行的需要，也有爱的需要，我们的孩子也是如此。一个孩子，只有在充满爱的环境下长大，才会更懂得回报爱，才懂得珍惜和感恩。把握孩子的这一心理需求，能帮助我们更好地开展家庭教育。

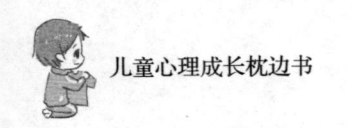

教育儿童孝敬长辈，感恩父母

为人父母，我们都知道，百善孝为先。正如孟子曰："不得乎亲，不可以为人；不顺乎亲，不可以为子。"这句话的意思是，孩子与父母亲的关系相处得不好，不可以做人；孩子不能事事顺从父母亲的心意，便不成其为孩子。孔子说："孝悌者，为人之本也。"孝为"百德之首，百善之先"。作为父母，教育孩子最重要的就是教孩子学做人，学处世。做什么样的人呢？做孝敬父母的人，做诚实正直的人，做自尊、自爱、自信、自强的人。其中教孩子孝敬父母是最主要的，是一切道德的基础，是做人的根本。

一个年仅三岁的小孩儿，在父母上班之后陪伴着瘫痪在床的奶奶。奶奶该吃饭了，他把父母做好温在锅里的饭菜慢慢端到奶奶床上；奶奶要解手，他把便盆送到奶奶身边……

一个上小学的女孩儿，母亲卧病在床多年。小女孩儿承担起了全部家务。每天买菜、做饭、收拾房间，为母亲擦洗身体。家里生活十分困难，使她养成了省吃俭用的习惯。在这种情况下，她每天按时到校上课，勤奋苦读，还担任学生干部，成为三好生，被评为十佳少年……

的确，一个孩子，一旦拥有"孝心"，对他而言，这是

一种前进的动力。真孝敬长辈，就应该听从长辈的教诲，不应随便顶撞，有不同想法应讲道理；真孝敬长辈，就应该严格要求自己，体谅长辈的艰辛，尽可能少让长辈为自己操心；真孝敬长辈，就应该为父母分忧解难，在父母生病时，在父母有困难时，尽力去关心照顾父母、协助父母；真孝敬长辈，就应该刻苦学习，努力求知，让父母少为自己的学习担忧；真孝敬长辈，就应该在离家外出时，自己照顾好自己，注意安全，外出时间较长，应及时向父母汇报情况……总之，他们会把真正的孝心体现在一言一行上。

具体可以有这样一些做法：

1.父母应该建立一个良好的家庭秩序——长幼有序

父母应事先确定一些准则，作为父母，不能轻视家中的老人。而孩子的什么行为可以接受，什么不能接受，一定要坚持原则，毫不含糊。当孩子对他所知道的界限，以一种傲慢的态度肆无忌惮地进行挑衅时，要让他觉得后悔。不能让他们当面取笑父母，藐视他们的权威，甚至把父母当成出气筒而不受谴责。当然，批评孩子错误行为时，不要夸张，要就事论事，不要贴标签、戴帽子，要言简意赅，不要喋喋不休地讲个没完没了，让对方厌烦。

有一个孩子，在13岁的时候，爸爸犯了一个错误，偷看了他的日记。结果那个孩子知道了，不依不饶，连续几天不和父亲说话，无论爸爸怎么道歉都没有用。最后爸爸非常痛苦，觉

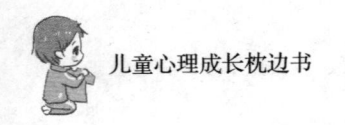

得自己的错误是不可原谅的。

其实，这个事情很简单，爸爸偷看儿子日记，自然是爸爸不对，但是儿子在爸爸已经道歉的前提下，还继续惩罚爸爸，就是儿子的不对了，他忘记了孝顺爸爸和宽容爸爸。整个家庭不能没有主次之分，一个家庭一定要建立一个良好的秩序，这样家庭成员在这个秩序里才能互相尊重、关爱、和谐相处，家庭才越来越稳固和幸福。这个孩子和爸爸都忽视了家庭当中的一个大原则。当小原则和大原则时冲突怎么办，一定要让步给大原则，一个家庭必须建立起一个大的原则和基本的秩序来。要懂得维护自己的权利，但更要懂得孝顺和宽容，后者是大原则。

2.根据年龄的递进，增加对孩子的培养目标，让孩子了解父母

随着孩子身心的日趋成熟，培养目标的范围应不断扩大，培养目标的内容应逐渐增多。这种变化应体现出由浅入深、层层递进的特点。下面，我们就给家长朋友介绍一下每个年龄段孩子可以达到的主要目标。

（1）当儿童3～4岁时：知道爸爸妈妈的名字、属相、年龄；知道爸爸妈妈很爱自己；知道爸爸妈妈是做什么工作的，意识到爸爸妈妈工作很辛苦；对爸爸妈妈有礼貌，听爸爸妈妈的话，不对爸爸妈妈发脾气；能向爸爸妈妈表示问候、感谢；自己的事情能自己做。

（2）4～5岁时，知道爸爸妈妈家务劳动的情况及对家庭的

贡献；在爸爸妈妈工作、学习、休息时，能不去打扰他们；能辨认、理解爸爸妈妈的一些情绪表现；能说一些使爸爸妈妈高兴的话；能把好吃的东西先让给爸爸妈妈品尝；能帮助爸爸妈妈做一点小事；对客人有礼貌。

（3）5~6岁时，知道爸爸妈妈的职业和对社会的贡献；在爸爸妈妈生病时，能给予简单的照顾；能预知爸爸妈妈的一些情绪反应；能做一些使爸爸妈妈感到高兴的事情；乐于承担力所能及的家务劳动；能帮助爸爸妈妈招待客人；能制作节日小礼物送给爸爸妈妈；对爸爸妈妈有信任感和自豪感；孩子学会关爱父母的活动。

3.孝心是拿来做的，不是拿来说的

家庭中爱心和亲情要靠父母精心营造，父母要用爱熏陶孩子的心灵，要从一点一滴的小事着手塑造和培养，让孩子养成孝敬父母的好习惯，如：平时教育孩子要关心父母的健康，要帮父母分担忧愁，要帮助父母做家务。当孩子不会时，父母要耐心地教，孩子做错事时，不要横加指责，孩子做得好时，要多表扬鼓励。孩子只有在亲身实践和体验中才能体会到父母的辛苦，尝到为别人付出的快乐。当孩子"父母养育了我，我应当为他们多做事"的观念逐渐形成时，孩子就有了一份生命的义务感和责任感，只有学会爱自己的父母，孩子才会爱别人，进而帮助别人，这种品质的形成将会使孩子受益一生。

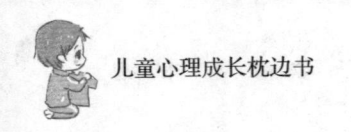

引导儿童融洽师生关系

作为父母，我们知道，中国自古以来就是一个尊师重教的国度，我们强调"一日为师终身为父"，就是强调要尊敬师长、感恩老师。作为父母，我们要让儿童认识到老师在自身成长过程中的重要引导作用，要让孩子学会感恩，而同时，对于任何一个学龄期的儿童来说，大部分时间都待在学校，就免不了与老师打交道，而师生关系如何直接影响了儿童的学习兴趣。作为父母，可能你也发现，孩子与哪个老师关系比较融洽，喜欢上哪门课，哪门成绩就好；如果与哪个老师关系不和谐也会殃及那门课，这大概也是爱屋及乌的反应吧。从这一方面看，我们也应该教育孩子要融洽师生关系。

另外，学生的大部分时间在学校里，就免不了和老师交往。

某小学五年级有位有30多年教龄的老教师张老师，已经当祖母了。她是60年代师范专科学校毕业的，教了一辈子数学课。

最近，张老师发现不少男女学生之间热衷于交朋友。过生日，互赠礼物，生日卡上写了许多双关的、缠缠绵绵的话，有的传递小纸条竟不顾时间和场合，上课时间也进行。更有严重的，有些女孩还和社会上的人有往来。小小年纪，就搞这些名堂，这怎么得了？若放任不管，这些孩子走了下坡路可怎么办？想到这，张老师下决心解决这一问题。

有段时间，张老师发现班上有个女生和校外的人走得近。

有一天，张老师在收发室碰到那个女生。

"你在外边交男朋友了吗？"与此同时，她用严肃的目光审视眼前这位女同学的脸色。

"没有。"女同学不安地回答。

"没有？若是我拿出证据来呢？"张老师说着，拿出拆过的信，在女同学面前晃了几晃。

"私拆别人信件，这是犯法。"女同学被激怒了。

"犯法？教育学生犯法？告诉你，这信我还不交给你了，我交给你的家长，看他们说谁犯法……"

女学生在这种情况下，两眼喷火，恨不能上前咬这位特别"负责任"的老师一口。

张老师为这事，确实操碎了心。可是，没有谁理解她。

可能不少孩子都和故事中的这位女孩一样，因为老师对自己管的过于严格而厌恶老师。其实，不管老师做什么，她的出发点都是为了学生，希望学生能成人成才。

为此，我们父母在教育孩子时，不但要督促其努力学习，还要帮助孩子理解老师的辛苦。

我们可以从以下几个方面教育孩子和老师搞好关系：

1.教育儿童尊重老师，尊重老师的劳动

有人说，教师是太阳底下最光辉的职业，这句话一点也不假。老师从踏上岗位的那一刻起，就无私地奉献着自己的青春。老师对学生严厉，也是希望学生学好。要问老师希望得到

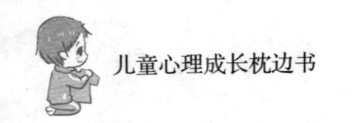

什么回报的话,就是希望看到学生成才、成熟,希望看到学生从自己那里学到最多的知识。

因此,我们要告诉孩子:不管老师怎样严格要求你,你都要理解老师、尊敬老师,见到老师礼貌地打声招呼。另外,用实际行动尊重老师的劳动:上课认真听讲,不破坏纪律,把老师留的作业保质保量地完成。尊敬老师,尊重老师的劳动,是师生和谐相处的基本前提。

2.培养儿童勤学好问、虚心求教的品质

如果你的孩子会认为"那个老师并不怎么样""他的水平太低了",那么,你要告诉孩子:"等到你长大以后,你会知道这种看法和想法是多么天真。因为不管老师水平到底怎样,老师之所以能成为老师,必当够格教你知识,老师的年龄、学问、阅历的水平肯定是高于你的。所以,向老师虚心求教、勤学好问不仅直接使学习受益,还会增多、加深和老师的交流,无形中就缩短了与老师的距离,每个老师都喜欢肯动脑筋的学生。"

3.告诫儿童犯了错误要勇于承认,及时改正

人无完人,青春期的孩子都会犯错,老师都能理解,并都愿意指正孩子的失误。而有的孩子明知自己错了,受到批评,即使心里服气,嘴上也死不认错,与老师搞得很僵。也有一些孩子,"一着被蛇咬,十年怕井绳",受过老师一次批评心里就特别怕那个老师,认为他是对自己有成见。

对此,你要告诉孩子:"错了就是错了,主动向老师承

认，改正就是好学生。老师不会因为谁有一次没有完成作业，有一次违反了纪律就认为他是坏学生，就对他有成见。"

4.教导儿童正确对待老师的过失，委婉地向老师提意见

在有些孩子心里，老师就是完人，老师不应该犯错。实际上，这种想法是不正确的，老师也是人，也会犯错，也会有失误。其实，根本不可能存在没有缺点的人。老师不是完美的，如果他有的观点不正确，或误解了某个同学，甚至有的老师"架子"比较大，或是太严厉，这都是可能的。心理学的研究发现，人们会对没有缺点的人敬而远之。

我们要教导孩子："如果你发现老师的不足要持理解态度，向老师提意见语气要委婉，时机要适当。相信老师会感激你的指正。如果老师冤枉了你，不要当面和老师顶撞，这样不仅无助于问题的解决，还会恶化师生的关系。暂且忍一忍，等大家都心平气和再说。"

总之，我们要让孩子明白的是，老师是他们的第二个家长，要尊敬、爱戴你的老师，和老师搞好关系。因为与老师关系融洽既可以促进学习，又可以学到很多做人的道理，会使他一生受益无穷。

告诉儿童什么是真正的友谊

对于很多孩子来说，他们都渴望获得友谊，渴望交朋

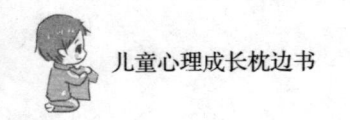

友,但一些孩子却有这样的苦恼:"到底什么是真正的朋友呢?""是不是我为他花钱了,他就会把我当朋友。"对于孩子这样的困惑,我们一定要让他明白,真正的友谊是建立在志同道合、有共同的奋斗目标,相互扶持之上的。

这天,语文老师上课前,为大家朗读了一篇叫《伟大的友谊》的课文,课文内容大致是这样的:

马克思有着改造社会的强烈的愿望,因而他受到反动政府的迫害,长期流亡在外,生活极其艰苦。

1844年,马克思在巴黎认识了恩格斯,共同的信仰使彼此把对方看得比自己都重要,马克思长期的流亡,生活很苦,常常靠典当换钱度日,有时竟然连买邮票的钱都没有,但他仍然顽强地进行他的研究工作和革命活动。

恩格斯为了维持马克思的生活,他宁愿经营自己十分厌恶的商业,把挣来的钱源源不断地寄给马克思,他不但在生活上帮助马克思,在事业上,他们更是互相关怀,互相帮助,亲密地合作。他们同住伦敦时,每天下午,恩格斯总到马克思家里去,一连几个钟头,讨论各种问题;分开后,几乎每天通信,彼此交换对政治事件的意见和研究工作的成果。

后来,恩格斯的妻子去世,马克思因为自身的很多窘境:收到了肉商的拒付期票,家里没有煤和食品,小燕妮卧病在床……这些使他处于绝望之中,于是,只对恩格斯简单地慰问了一下,这使得恩格斯有点生气。但在随后的信中,两人的误会解开了。

恩格斯在给马克思的信中写道："我很感谢你的坦率，可能你也明白，上次你的来信对我造成了多大的困扰……我接到你的信时，她还没有下葬。那个星期，你信件的内容都在我的脑海里挥之不去。不过现在好了，你最近的这封信已经把前一封信所留下的印象消除了，而且我感到高兴的是，我没有在失去玛丽的同时再失去自己最老的和最好的朋友。"随信还寄去一张100英镑的期票，以帮助马克思度过困境。

读完课文，老师说："真正最珍贵的东西，从来都不是用金钱衡量的，我希望同学们也能有正确的择友观念，知道该交什么样的朋友……"

马克思和恩格斯的这段伟大的友谊不禁让人感动，他们合作了40年，建立起了伟大的友谊，共同创造了伟大的马克思主义。正如列宁所说的"古老的传说中有各种各样非常动人的友谊故事，后来的欧洲无产阶级可以说，它的科学是由两位学者和战友创造的。"

同时，案例中，这位教师的教育方法值得很多家长学习，以故事入题，告诉孩子什么是真正的友谊，更易让学生接受。

1.告诉孩子哪些人是真朋友，哪些人是假朋友

我们成人都明白一点，每个人的一生中都会有很多的朋友，但是真正的朋友不会很多。真正的友情不需要依靠身份和地位。我们要把父母长辈们的人生经验告诉孩子："在你失落的时候，真正的友情会让你变得高兴起来，让你去迎接新的人生，让你走出苦海。在你最需要的时候，真正的友情不用你开

口，就会悄悄地来到你的身边。真正的友情会让你感到更加温暖，会让你更加自在，不会让你感到孤独。有了这样的友情后你会觉得很骄傲、很幸福，这样的友情值得我们珍惜一生。而像那些在平时称兄道弟，等遇到困难的时候就离开自己的朋友不是真正的朋友。真正的朋友会在我们危难的时候给予我们帮助，会在我们做错事的时候劝我们悔改，会对我们说真话，而那些假朋友在自己的利益受损的时候肯定会远离我们，会在我们危难的时候落井下石，他们不会对我们说真话，而只会吹捧。"

2.告诉孩子友情是需要真情维系的

我们要告诉孩子友谊需要维系，但是不能靠金钱和礼物来维系，而要靠感情来维系。我们还要告诉孩子在平时要多关心朋友，并尽量帮助其解决一些实际的问题，那么，彼此之间的信任会逐渐建立起来。

总之，我们父母要明白孩子在与人交往的过程中会学到很多东西，因此，父母应该鼓励孩子多交朋友。但是在交朋友的过程中，父母要让孩子知道什么样的朋友是真正的朋友以及友情需要维系的道理。

注意孩子的非正常交往，引导儿童远离恶友

作为父母，我们都知道，我们的孩子和成人一样，他们从

孩童时代开始就渴望结交朋友，就渴望有自己的玩伴，随着孩子的成长，他们交什么朋友，与什么样的人交往，会对他的一生形成影响，不但影响着自己的言行、穿着打扮、处世方式、兴趣趣味，还影响着他们自身的价值观以及对自我的认识。

但我们父母要明白，交友是应该有选择的，而且要从善而择。和好人交朋友，孩子自身才能提高、完善。所谓"与善人居，如入芝兰之室，久而不闻其香"，长期与一个人在一起，自然会受到潜移默化的影响。相反，孩子如果与恶友结交，也对其一生产生负面的影响，为此，我们都要注意孩子的非正常交往。

王太太发现自己的儿子童童最近有点不高兴，经过问询后才得知，原来童童最好的朋友小立最近有了新朋友，便不理童童了，王太太心想，怪不得这孩子最近也不来家里"蹭饭"了，也不和儿子一起玩游戏、打球了。

一次交谈的过程中，小立告诉王太太，他认识的这帮哥儿们人都很好，经常请自己吃饭，还带自己去玩，王太太心里便有点担忧，怕小立交了不良朋友。

果然，不到半个月，小立就跑来对童童说："原来他们并不是什么好人，那天，他们说要带我去玩，我们去了台球室，我亲眼看见他们勒索别人，后来，他们还让我抽烟喝酒，我还小呢，抽烟喝酒伤身体。我现在怎么办，他们肯定还会再来找我的。"

王太太对小立说："别担心，以后回家的路上就和童童还有其他同学一起，人多，他们不敢怎么样。另外，小立，阿姨

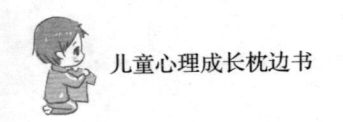

要告诉你，你这种交朋友的原则是不对的，这些社会不良青年就是要对你们这些单纯的青少年下手，他们往往用的就是同一种伎俩，朋友贵在交心，而不是物质上的，你明白吗？真正的朋友是帮助你成长成才的。"

听完王太太的话，童童和小立似乎都不太明白，于是，针对择友标准，王太太又为孩子们好好上了一课。

当然，对于年幼的孩子来说，他们并不十分清楚何为正确的择友标准，这就需要我们在生活中潜移默化地告诉孩子。

1.鼓励儿童拓宽自己的交友面

我们要多鼓励孩子通过广交朋友来完善自己，扩大自己的交友圈子，接纳不同类型的朋友，多层次、全方位的朋友无疑对儿童的发展是有益的，当然，还应鼓励孩子把那种见利忘义、损人利己的"小人"排除在外。

另外，我们要培养儿童要有广阔的胸怀，因为只有心胸开阔的孩子才能包容朋友的过错。你也可以告诉他：如果你能有一两个敢于直陈己过、当面批评自己过失的诤友，那就是真正的朋友。

2.告诉儿童什么是益友

那么，对于儿童来说，应该选择什么样的人做朋友呢？

这个问题不能笼统而论。因为每个人的需要是不一样的，所以择友上也有不同的标准。不过，择友是有一些规则的。古人云："择友如择师。"现实生活中，一般人都喜欢找各方面或某一两方面比自己强的人做朋友。以强者、优秀者为自己平时行为举止的榜样，比如，有的儿童指责同伴中的一个"喜欢当官的，尽跟班干部在一起"。其实这个孩子的选择是对的。这是他的一种交友之道，无可厚非，同时，这也是出于一种使自己迅速强大起来、建立理想自我的愿望。况且，在同龄人中，见多识广、有能力的人更容易引起周围人的注视，更容易交到朋友。当然，每个人都有每个人的长处，见到别人的长处，应该学，见到别人的短处，应该戒。不可盲目自满和自卑，只要自己肯学习，肯修正自身的不足，将来一定会有作为。

3.培养儿童的观察力，教会其谨慎交友

古语云：近朱者赤，近墨者黑。是否能交到益友，关系到孩子的一生。所以，我们父母要教会儿童谨慎交友。你应该告诉他：

在还未了解对方基本品质之前，仅凭一时的谈得来和相互欣赏就急急忙忙贸然地把自己的信任与情感全盘托出，是容易为以后不良关系的展开埋下伏笔的。

我们在平时就要教育孩子要注意，朋友要广，但不能滥交，要恪守"日久见人心"的古训，通过与对方多次交往与活动，通过观察对方的言谈与举止，就可以洞悉对方的个性、爱好、品质，觉察他的情绪变化，从而判断他是否值得深交。

4.告诫儿童要与不良朋友划清界限

孔子曰："损者三友，益者三友。"孩子交上好的朋友，应该是有利于自己学习进步和个人身心全面发展，一生受益无穷。但孩子毕竟是孩子，他们还处在缺乏社会经验和分辨是非

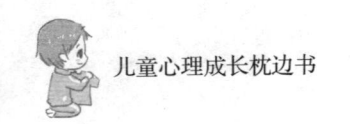

能力的年龄，父母不应该阻拦孩子交友，但也应该告诉他谨慎交友这个道理。要鼓励他交有道德、有思想、有抱负的人做朋友，要交遵纪守法、正直、善良的人做朋友，要交学习认真、兴趣广泛的人做朋友，而对于那些不良朋友，一定要划清界限，要知道，有些人受周围不良朋友的影响，拜金主义、享乐主义思想不断滋长，追求奢侈的生活作风，放纵自己，不仅荒废学业，还有可能走上违法犯罪的道路。

离异家庭的儿童，需要更多的爱

对于任何一个成长期的孩子来说，他们都希望有一个完整、和谐的家庭，父母相亲相爱，在这样的环境下成长，他们也才会真正的快乐，但父母关系破裂、离婚，对于心智尚未成熟的孩子说，确实是一个不小的打击，但父母也有追求幸福的权利，所以，一些父母会产生疑问，难道要为了孩子选择维持名存实亡的婚姻吗？当然不完全是，对于尚能挽救的婚姻，父母要努力经营，但如果到了非要离婚的地步，就要多为孩子考虑，尽量把即将带给孩子的伤害减到最小。

事实上，越是离异家庭的儿童，越是需要父母更多的爱，唯有给他们更多的爱，才能弥补父母离异对他的伤害。

艳艳是个可爱的女孩，现在的她已经十岁了，谁初次见到她，都会忍不住和她多说几句话，但接下来，艳艳就会表现出很悲伤的样子，甚至你怎么逗她，她都不笑，于是，很少有小伙伴和同学愿意和她玩。

其实，艳艳很可怜，她刚出生后，父母就离婚了，爸爸把她交给保姆带，而这个保姆除了定时给艳艳做饭外，也不怎么和艳艳说话。现在的艳艳已经形成了一种悲观的性格，她渴望被人关心，渴望和人说话。

从心理学的角度来分析，艳艳之所以会容易悲伤，是和父母对她的教育有极大关系的，她的父母因为离婚而没有给她足够的爱，正是因为对爱的渴望让她逐渐养成了这种性格。

其实，我们的孩子是脆弱的，他们犹如一张白纸，我们父母给他们怎样的成长环境，他们就会有什么样的个性、性格，而我们的孩子，只有细心的呵护，他才会以积极阳光的心态、自信的精神面貌对待生活中的任何事。如果父母离异，在孩子幼小的心灵里，他们会认为家庭破碎，他们会缺乏安全感，此时，如果我们父母再不关心他们，给他们爱，孩子更会认为自己被父母遗弃，小小的心灵更会蒙上一层阴影，那么，夫妻离婚，该如何让孩子理解呢？

为此，儿童心理学专家建议：

1.在孩子面前要表现得宽容，让孩子知道即使父母离婚了也会继续爱他

所以，父母离婚，无论是什么原因，都不要在孩子面前互

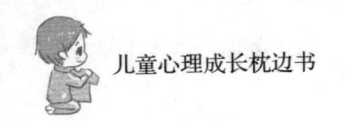

相抱怨或者攻击对方，让孩子认为你们之间存在仇恨，反而，你要在孩子面前表现得宽容，父母矛盾不断，只会让孩子感到矛盾，不知道谁是对的，谁是错的，最终会出现情感和行为分裂，使其人格成长受到影响。严重的会导致心理问题，乃至心理障碍和心理疾病。

2.对于孩子的教育问题，父母要共同协商

（1）经济方面：孩子要接受教育和培养，就要有物质上的付出，对于这一问题，父母不可推卸责任，也不可因为内心亏欠孩子而溺爱他，这样只会有损于孩子的成长。

（2）孩子成长中的重要事件：对于孩子成长中的诸多事宜，比如：什么时候读幼儿园，小学去哪里读、孩子学习成绩差要不要请家教、大学要读什么专业、以后出不出国等问题，最好都由父母共同协商。

3.孩子在学校的活动，父母要经常参加

孩子的学校生活中，少不了一些公共活动，比如家长会、运动会。在家长看来，这可能是无关紧要的小日子，但却是孩子成长过程中的大事，对于这样一些时刻，父母最好都在场，而对于孩子的生日，父母更要与孩子一起庆祝，这样，你的孩子就会明白，父母离异是他们自己的事情，他并没有因此失去父母，要告诉孩子爸爸妈妈都很爱他，也让孩子学会用语言表达自己的情感。

4.了解孩子的精神需求

抚养孩子，并不是只给孩子吃饭、穿衣即可，父母尤其是要对孩子的精神层面的需求给予充分满足。一定要抽时间陪伴孩子，哪怕只是陪着他们玩耍（这一点没有离异的家长也经常忽略）。

5.离异的父母要充实自己的生活

离异的父母如果不打算再婚的话，最好也有自己的工作或者其他兴趣爱好，也可以找一个伴侣，这样，你才不会因为空虚而把所有精力放到孩子身上，以至于给孩子造成太大的心理负担。也有一些父母认为为了孩子不找伴侣是对孩子好，其实不然。一个没有正常情感生活不快乐的人很难保持自我身心的平衡，不免将自己的不快乐情绪转嫁给孩子，反而不利于孩子的健康成长。

当然，要做到以上几点，对于父母来说考验到他们的综合素质，必须要有足够的耐心，以及很好的人际关系处理能力，当然，不少人正是因为缺乏这一能力，才无法经营好自己的婚姻，所以如果一些父母认为自己无法面临离异后对孩子的教育问题的话，可以咨询专业人士、获得他们的帮助。只有这样，让自己尽快恢复正常生活，才有足够的心理能力不让孩子承受父母离异的痛苦。只有快乐的人，才能培养出身心健康的孩子。

如何帮助有生理缺陷的儿童克服内心自卑

我们都知道，自信对于一个人的成长极为重要，而自卑则对人的身心产生消极的影响，一个人内心的自卑来源于很多方

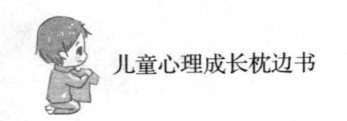

面，其中就有生理上的缺陷。的确，随着孩子的成长，儿童到了一定年纪时，越来越开始关注自己的身体，如果一个孩子生理有缺陷，他可能不但会面临生活上的不便，比如行动不便、视力问题或者外貌上的缺陷，还有可能要承受来自周围异样的目光，对于这类孩子而言，他们父母也唯有给他们更多的爱，才能化解生理缺陷给他们带来的伤害。

"我女儿今年10岁，孩子自生下来后，身体一直比较好，她八岁左右，由于听到别的同学叫她矮冬瓜，因为孩子的身高确实比同龄人矮一截，这可能是基因决定的，我和她爸爸个头都不高。自尊心太强的孩子从小就心理压力很重，但她从来没有给家长说过这些。一直到今年，我们发现女儿不爱说话了，放假也不出去，后来老师告诉我们，女儿在学校也不合群，我知道，女儿一定是自卑了，我想带女儿去看心理医生，但我们这个城市没有，想带她去别的地方看，她坚决不去，我也在网上多方查看这方面的信息，想尽办法诱导她，情况有所好转，但改变不大，以至于她的心理问题不能彻底解决。"

因为身高上的不足而使这个女孩的心理健康受到损害，使她的心理处于极度自卑之中，而父母又发现的晚，以至于女孩在出现心理问题时，才引起母亲的注意，这对女孩来说是极其残忍的一件事情。

其实，作为父母，我们自身也知道，健康、漂亮的外表，能让我们更加自信，而生理缺陷会让人产生自卑，我们的孩子

也是如此,为此,他们需要我们的引导。

儿童心理学家建议我们:

1.告诉孩子,真正的自信并不是来自于外表

爱美之心,人皆有之,但因为美丽的外表而获得的自信却不是真正的自信。父母应该在孩子还小的时候就给她/他传输这样的观念,尤其是那些对自己身体不满或者有生理缺陷的孩子,不要畏畏缩缩,总想把自己藏在人群里。

2.帮助孩子树立一个精神榜样

10岁的晶晶是一个有听力障碍的女孩,但无论做什么事情她都充满自信,自告奋勇当班长,报名舞蹈班学舞蹈,积极与老师讨论自己的解题思路……当老师问起晶晶的父母是如何让晶晶如此自信时,晶晶的爸爸说起了那段经历:

晶晶刚上学的时候也非常自卑,因为她觉得同学们都因为这点而不愿意跟她交朋友。

晶晶总是闷闷不乐的,妈妈怕她这样下去身体和心理都会受到伤害,便用她的偶像——海伦·凯勒来激励她:"你知道凯勒阿姨为什么这样优秀吗?"

"为什么。"

"不仅是因为她出色的写作能力,还有她的自信,尽管她有生理上的障碍,但是她自信,她对任何事都满怀着信心,用最积极的态度去做,所以她成功了。不信你可以看看她的书。"

女儿真的读起海伦·凯勒的书来,就是从那时起女儿不再

那么自卑了。

3. 鼓励孩子敢于表现自己

我们可以和老师沟通，让老师在上课时为孩子安排坐在前面的位置，坐在前面能建立信心，对简单问题的正确回答则会让孩子们觉得自己表现突出，久而久之，这种行为就成了习惯，自卑也就在潜移默化中变为自信了。

4. 发挥长处，回避短处

我们要善于发现孩子的长处，并为他们提供发挥长处的机会和条件。老师要十分注意让孩子回答他们擅长的问题，答对了就让全班的小朋友为他鼓掌。这样，他们很容易就会认为自己是很棒的、是受老师的关注的。

5. 引导孩子，正视他人的是非言论

有生理缺陷的孩子在生活中可能受到一些非公正待遇。对此，如果是我们成人，恐怕都难以承受，何况是一个孩子，但我们要告诉孩子，无论是谁，即便是那些身体健康、外表美丽的人，他们也有可能被人议论，我们不可能做到让所有人都喜欢，既然如此，又何必在意别人的是非评价呢，帮助孩子摆正心态，孩子的自信心会获得增长。

总之，对于生理有缺陷的孩子，我们更要关注，更要给予爱，只有让孩子认识到，真正的自信来自于内心，他才会真正坚强和自信起来，才能快乐地成长。

第04章

重视儿童敏感期心理：孩子的心智开始全面发展

细心的父母会发现，孩子在出生时，就已经下意识地开始感知周围的变化了。周围的声音、母亲的情绪变化，都会引起孩子的动作反应，孩子也会用手抓东西往嘴里塞，对此，我们不必大惊小怪，这是因为孩子从一出生开始就进入了敏感期。那么，什么是儿童敏感期呢？所谓儿童敏感期，是指在0~6岁的成长过程中，儿童受内在生命力的驱使，专心吸收周围环境某一事物的特性，并不断进行重复实践的过程。换句话讲，就是儿童对其生活周围的一切事物进行认知、学习、掌握的过程。儿童心理学家认为，重视儿童的敏感期是必要的，但要遵循规律来进行。

什么是儿童敏感期

在儿童心理学上，有个著名的名词——"儿童敏感期"，那么，什么是儿童敏感期呢，顾名思义，指的是在0~6岁的成长过程中，儿童受内在生命力的驱使，专心吸收周围环境某一事物的特性，并不断进行重复实践的过程。换句话讲，就是儿童对其生活周围的一切事物进行认知、学习、掌握的过程。

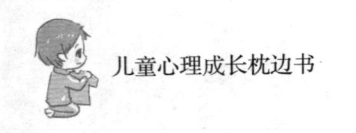

细心的父母会发现，孩子在母亲肚子里四五个月时，就已经下意识地开始感知周围的变化。周围的声音、母亲的情绪变化，都会引起胎儿的动作反应。

所以说，重视儿童的敏感期是必要的，但要遵循规律来进行。

儿童心理学家将儿童敏感期进行了以下划分：

1.空间敏感期

到了两岁的孩子，一般开始进入空间敏感期，他们会通过物体的位置、移动以及弯曲的视界探索空间。由此不断得到空间感，进而形成空间概念。

这些都是空间的要素：直观的位置，直观外的位置，速度与时间的关系。这就是科学逻辑的起始点。训练孩子的空间感觉，可以从让孩子玩弹力球开始，这是他们最初的探索空间的

最好的东西。扔东西的动作虽然简单，但却非常重要。

2.语言敏感期

在我们说话时，我们会发现婴儿会注视我们说话的口型，然后发出牙牙学语声时，这表明你的孩子已经进入了语言敏感期，一般是在孩子0~6岁，在这一阶段，我们要训练孩子的语言表达能力，比如可以经常和孩子说说话、讲故事，多问孩子问题，这不但有利于培养孩子日后的表达能力，也能帮助他们提升人际关系。

3.认识符号、书写符号的敏感期

这一敏感期发生在孩子3.5~4.5岁，这一阶段的孩子会对认识符号、书写符号（文字、拼音、偏旁部首）产生兴趣。这里，教育专家指出，我们最好使用实物教学，也就是用孩子熟悉的事物来让他们认识相关的文字，比如，他们喜欢的玩具、食物，将他们要学习的文字与这些食物相联系，这样，孩子就能够避免用记忆去死记硬背文字了。而让孩子通过实物配合文字的形式来学习，才能引导孩子将那些抽象的文字与现实的事物相结合，这样的学习也才能激发孩子的兴趣，让学习变得有意义。

同样的道理，孩子在书写符号之前，可以让孩子先触摸符号，所以，对于幼儿园的孩子来说，基本上他们在毕业前，就能完成基础的符号的书写了。

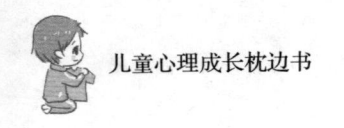

4.阅读敏感期

这一敏感期发生在孩子4.5~5.5岁时,其实,只要孩子在感官、语言和肢体动作等敏感期内,得到了充分的锻炼和学习,其书写、阅读能力就会自然产生。此时,父母要多为孩子提供一个安静的阅读环境和适合他的读物,逐步帮助孩子养成良好的阅读习惯。

5.秩序敏感期

0~3岁时,他还需要一个良好的、熟悉的环境来帮助他认识事物、熟悉环境,一旦这一环境消失,就会令他局促不安。幼儿的秩序敏感力常表现在对顺序性、生活习惯、所有物的要求上,如果成人没能提供一个有序的环境,孩子便没有一个基础以建立起对各种关系的知觉。当孩子从环境里逐步建立起内在秩序时,智能也因而逐步建构。

6.感官敏感期

这一阶段一般是孩子的0~6岁,孩子从出生起,就会调动自己的视觉、味觉、听觉等感官来熟悉环境和了解事物,在3岁前,孩子透过潜意识的"吸收性心智"吸收周围事物;3~6岁则更能具体地透过感官分析、判断环境里的事物。在生活中随机引导孩子运用五官感受周围的事物,当孩子产生探索欲望时,只要是不具有危险性或不侵犯他人他物时,我们都不可遏制。

7.细微事物的敏感期

孩子在1.5~4岁这一阶段为细微事物的敏感期,我们成人经常很忙，会忽略周围的事，但是孩子却能发现，对此，如果你的孩子还在对爬着的小昆虫感兴趣或者对衣服上的图案感兴趣，那这正是培养孩子认真和细心的优点的最佳时机。

8.动作敏感期

（大肌肉1~2岁，小肌肉1.5~3岁）两岁的孩子已经会走路，最是活泼好动的时期，我们应该为孩子尽量创造很多的运动机会，使其肢体动作协调，并帮助其左、右脑均衡开发。除了大肌肉的训练外，小肌肉的练习也同时进行，即手眼协调的细微动作的训练。不仅能养成良好的生活习惯，也能帮助智力的发展。

9.社会规范敏感期

这一阶段一般是孩子的2.5~6岁。两岁半的孩子逐渐脱离以自我为中心，开始想要结交朋友、参与群体活动。这时，父母应鼓励孩子，但要给孩子制定一些行为规范，如待人礼貌、日常礼仪等，这对于孩子形成良好的社交品质大有帮助。而结交朋友、群体活动时，父母应与孩子建立明确的生活规范，使其日后能获得好的人际关系。

10.追求完美敏感期

孩子在3~4岁的时候，正是从对完整性的审美发展到对事物完美的追求这一过程。这一阶段使孩子在审美上有了更大的范围。第一反抗期和追求完美的敏感期总是手拉着手一起走来。

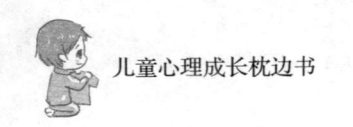

在一些父母看来，孩子怎么现在这么不可理喻了，其实这是因为孩子到了追求完美的敏感期了。比如，一个孩子摔倒了，他会一直哭，谁劝都不听，非要平时带他的一个老师带着他再次到他摔倒的地方将他抱起来，他的哭声才会停住。

11.性别敏感期

大概4岁时的孩子最重视的就是谁是男孩谁是女孩。如果有人去洗手间，他们一定要跟着去，原因是想观察到底是男孩还是女孩。孩子对身体的探索和认识来自于观察，成人在给孩子解释时，态度必须客观和科学，就如同认识自己的眼睛、鼻子、嘴一样。当然百科全书这时是最好的工具了。

12.人际关系敏感期

（2~5岁）从一对一交换玩具和食物开始，到寻找相同兴趣的伙伴并开始相互依恋，从和许多小朋友玩到只和一两个小朋友交往，孩子自己经历了人际交往的全过程，而这种交往智能是与生俱来的。

13.婚姻敏感期

（5~7岁）在人际关系敏感期后，孩子便真正展开了婚姻的敏感期。最早的时候孩子会想要和爸爸、妈妈"结婚"。之后，他们就会"爱上"自己的老师或者其他的成人。一直到5岁左右，他们才会"爱上"一个小伙伴，比如只给自己喜欢的孩子分享好吃的东西，而且经常在一起玩，产生矛盾时也不愿意让其他人干预等等。总之，他们想拥有属于自己的空间。

14.身份确认敏感期

在4~7岁的孩子身上，经常会听到这样的口头禅，比如："我是警察""我是霸王龙""我是小锡兵""我是白雪公主"。孩子们会给自己一个又一个身份。这种现象是因为孩子开始崇拜某一偶像，希望自己就是那个偶像。在幼儿园里，经常有穿着白雪公主服装的小朋友，你必须叫她白雪公主她才答应你。孩子在这个身份确认的过程中，我们可以观察到他们开始透过自己的偶像来表达自己。

15.文化敏感期

儿童到了6~9岁这个年龄段，会对知识和文化学习产生兴趣，并出现了强烈的探求知识的愿望，因此，这时期"孩子的心智就像一块肥沃的土地，准备接受大量的文化播种"。成人可在此时提供丰富的文化资讯，以本土文化为基础，延展至关怀世界的大胸怀。

当然，儿童敏感期也是有弹性的，0~6岁的儿童，如果敏感期没有得到良好发展，到了6~12岁还会有弥补的机会，但是，这有个前提，那就是6~12岁期间，儿童必须有一个充满爱和自由的成长环境。但现实是，在学习压力下，这个年龄段的很多孩子，既得不到6岁以前来自父母的宽容和疼爱，又得不到长大后成人给予的尊重。在这些孩子身上，我们看不到敏感期的种种表现。这样我们就不难理解，为什么这个黄金般贵重的概念始终没有进入更多家长的视野。

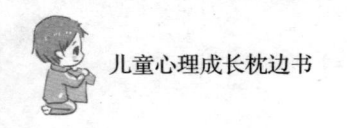

在幼儿时就要培养孩子敏锐的观察力

教育心理学家告诉我们，孩子0~6岁，是其感官敏感期阶段，在这一阶段，他们对周围的事物十分敏感。为此，专家建议，我们家长应该根据这一点尽早培养孩子的观察能力。因为观察是人一生中很重要的能力。一个人的观察力如何，直接关系到他的一生，我们的孩子也是如此。因为观察力是获取信息和资料的重要途径。不会观察的孩子，是不可能拥有杰出的智慧，也不可能成就非凡的事业。所以观察力很重要。

因此，作为父母，我们也要培养孩子成为生活的有心人，在生活中有意识地提高他们的观察力。

10岁的田田是个很聪明的四年级学生，他对周围的事都充满了好奇，生活中，他总是喜欢问爸爸妈妈"为什么"，后来，被他问烦了的爸爸妈妈就对他说："如果你不明白，你就自己去求证，这样不是更有意思吗？"亮亮点了点头，他觉得爸爸妈妈的话很有道理。

有一次，亮亮的脚趾上长了一个疮。周末的时候，爸爸带着他去医院清洗伤口，他看到医生用一瓶透明的液体擦在自己的脚上，很快，他发现，脚趾头上居然冒泡泡，亮亮感到很奇怪，就问医生："这是什么东西啊？好像不是酒精。"

"你怎么知道不是酒精？"医生问。

"酒精有味道嘛。"

"挺聪明的小孩。"医生对田田爸爸说。

就在田田准备和爸爸一起回家时,天突然打雷下起雨来。过了会儿,田田看着天空又感到奇怪,为什么先看到闪电,再听到雷声呢?短短一个周末,已经出现了好几个问题困扰田田。

回家后,田田赶紧上网查资料,那种冒泡泡的物质是什么?雷声和闪电出现的时间为什么不一样?终于,他得到答案,消毒的是双氧水,之所以冒泡泡是因为双氧水在常温常压下容易分解成水和氧气,气泡就是氧气。而雷声在闪电后出现是因为光速比声速快很多。接下来,田田又产生了很多疑问,什么是化学反应,氧气又是什么?雷声是怎么出现的……

从那以后,田田对物理、化学充满了兴趣,尽管他在学校还没有接触到这两门课程,但他经常向其他高年级的同学借书自学,现在的他已经成为了班级中的百事通了。

可以说,良好的观察力是中小学生智力发展的重要条件。然而,每个孩子观察力不是自然而然形成的,它需要经过长期的观察实践和观察训练。然而,观察力的真正获得是需要运用思维的力量的,不动脑的观察也是无效用的。

生活中,我们要有意识地培养孩子,告诫他们要做到留心身边的一事一物。然而,你还应该认识到的是,人的眼睛所看到的事物往往是表象,具有不真实性。为此,你必须在观察前和观察后都要进行一番信息搜集的工作,有目的、有计划的观

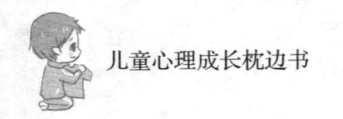

察活动才是真实有效的、准确率高的观察。

然而，对孩子观察力的训练并不是毫无章法的，为此，你可以从如下几个方面入手。

1.告诉孩子要明确观察目的，提高观察责任心

生活中，人们做任何事、说任何话都是有目的的。在观察的过程中，孩子也只有带着目的进行观察，才能提高责任心，才会对自己的观察力提出较高的要求，从而提高观察力。

明确观察目的，包含两层意思：

第一层是认识到观察力的重要性，认清观察对自身智能发展的好处；第二层是在观察事物前，就要有明确的目的，即观察什么，为什么观察。

比如，在家中，你可以找出一件工艺品，让孩子观察其颜色、形状、大小、用途、特点等，在观察的过程中，你还可以让孩子边观察边用语言描述。

2.帮助孩子明确观察对象，制订观察计划

这样就可以让孩子将观察力指向与集中到要观察的对象上，并按部就班，从容观察，从而有助于其提高观察力。

比如，你可以让孩子自己学会种一盆花，然后每天观察其变化，还可以写观察日记。这样的观察活动，孩子既有兴趣，又有丰富的内容，效果很好。

另外，也可以让孩子自己学会煮饭，比如，多少米，怎么淘，放多少水，大火烧多长时间，小火焖多长时间。先是让孩

子观察我们父母怎样做，然后自己一边学着帮忙，一边观察。既学会了做饭，也提高了观察力。

3.告诫孩子观察时要全神贯注，聚精会神

注意性是观察力的重要品格之一。只有提高注意性，对观察对象全神贯注，才能做到观察全面具体，才能收集到对象活动的细节。

4.培养孩子浓厚的兴趣和好奇心

兴趣和好奇心是提高观察力的重要条件。孩子具有好奇心，对其观察的对象有浓厚的兴趣，他就会坚持长期持久的观察而不感到厌倦，从而提高观察力。

5.传授给孩子良好的观察方法

不懂得观察的方法，这样的观察是不会发现什么的，对学习也不会带来益处；相反，却会浪费时间，影响工作的效率。因此观察事物必须掌握不同的方法。

常用的观察方法有：全面观察和重点观察；在自然状态下观察和实验中观察；长期观察，短期观察，定期观察；正面观察和侧面观察；直接观察和间接观察；解剖（或分解）观察，比较观察；有记录观察和无记录观察等。观察不同的对象，出于不同的目的，应事先考虑用什么样的观察方法。有时候，需要几种方法配合使用。

总之，我们父母可随时随地提醒孩子注意观察事物，给他探索的机会。观察之后，还应问一问他看见了些什么，学会了

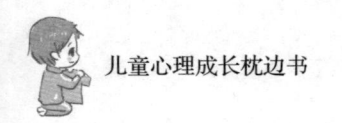

些什么。当他向你作"报告"时，作为父母，你应该留意倾听并适时点拨，会令孩子得到鼓舞。

让儿童在阅读敏感期就爱上阅读

培根说："书籍是在时代的波涛中航行的思想之船，它小心翼翼地把珍贵的货物运送给一代又一代。"歌德说："读一本好书，就是和许多高尚的人谈话。"书籍是人类进步的阶梯，是智慧的源泉，让孩子爱上阅读的习惯能让他们受益终生。

当孩子进入阅读敏感期后，图书就成了他最好的朋友，这一时期一般出现在4.5~5.5岁。此时他喜欢我们给他读书，也喜欢自己看书。我们可以抓住这个时机，让孩子养成爱读书的好习惯和正确的阅读习惯。

"努力培养女儿爱上阅读是我一直在追求的目标。小家伙四岁半时开始，我就坚持每周末带她去书城读书，那时候她还不认识字，每次都是我不厌其烦地给她朗读。之所以选择去书城，是想让她感受读书的气氛。晚上睡觉前总要给她讲20分钟左右的故事，女儿很喜欢听，经常被逗得哈哈大笑。学前班女儿学了3千字'四字童铭'，这真是件大好事，从这以后她就能独立阅读图书了。每晚的讲故事一直没断。现在，女儿在同龄

女孩中显得更睿智一些。"

这位妈妈的做法是明智的。孩子在智商上并没有太大的差别，但有些孩子能鹤立鸡群，受人赞赏，原因就是读书所致，爱阅读的孩子往往更加自信、健康。

那么，怎样才能使孩子在阅读敏感期就爱上阅读呢？又怎样指导孩子阅读呢？当然，这重在引导：

1.为孩子创设支持性的阅读环境

首先家长应该对孩子的阅读敏感期的到来感到高兴，对孩子"痴迷"地看书给予理解和支持，并让幼儿知道自己的阅读活动是受到父母允许和赞同的。其次，可以给幼儿布置一个专属的阅读区。

2.去伪存精，为孩子挑选到健康、积极、有益于孩子身心发展的书刊

我们不得不承认，现在市场上充斥着各种书刊，并不是什么书目都是适合儿童阅读的，真正有品位、适合鉴赏的寥寥无几。

约翰逊医生说："一个人的后半生取决于他读到的第一本书的记忆。"因此，父母一定要很小心地把第一本书放到孩子的手里。如果一本书不值得去阅读，就不要过于强调儿童阅读的数量，甚至可以不让孩子去阅读，那样只会让孩子装了一肚子的书，却解决不了生活中的一个小问题。所以，父母们需要引导孩子让他们熟悉并喜欢最优秀的文学作品，不要浪费时间

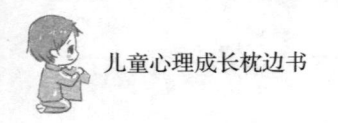

阅读垃圾文字。

3.注意培养孩子的阅读方法

当儿童年纪还小、无法识别很多文字的时候，要教孩子带着感情阅读，这样有利于培养孩子表达能力以及想象力。父母可以选择大号字体印刷的书籍，或者指着文字大声朗读，来帮助孩子们阅读。父母在读书的时候孩子会跟着他进入书中的情节，很快孩子就会认识很多生字，并独自阅读。

4.亲子共读

当孩子要求家长讲解时，家长应该兴致勃勃地和他们一起看，并根据图画内容和孩子交谈，使词句和图像联系起来，训练孩子的语言理解能力。最后在成人讲述之后，要求孩子复述一遍，在复述故事时，孩子有可能记不真切，家长可适当提醒，鼓励其用自己的语言把故事讲完，从而进一步提高幼儿阅读的信心和兴趣。

5.给予自由，适时协助

在这一阶段家长要做的是鼓励孩子自由阅读、自由探索，当孩子获得尊重和信赖后，他就会在环境中自由探索、尝试。就算幼儿在阅读时遇到困难，家长可帮助幼儿解决困难，但千万不要代替孩子读书。

6.和孩子进行亲子阅读时，不要忽视身体语言的作用

模仿是孩子学习的主要方式之一，父母可以将书中的内容用丰富的肢体语言表演给孩子看，孩子在模仿的过程中就会更

好地理解书中的内容，并能激发他的想象力。睡前阅读是最佳阅读时机，幼儿的浅睡眠时期最容易进行无意识的记忆，因此睡前的阅读一定要好好把握。

为了增强和激发孩子阅读的兴趣，建议家长们将书本上的知识与生活认知结合起来。在和孩子一起读过海洋动物书后，就可以带他去海洋馆看看海豚、海豹到底是什么样子；看过植物书后，则可和孩子一起去野外认识各种可爱的植物。这样就可以使阅读变得很有趣，孩子的读书兴趣就会逐渐建立起来。

总得来说，让孩子在阅读敏感期爱上阅读并不是什么难事，关键是家长要知道想让孩子读哪类书，还要进行有目的的引导，只有这样孩子才能够按照家长的期待爱上读书。

尽早为幼儿树立社会规范

教育心理学家称，当孩子两岁半左右时，他便进入了社会规范敏感期，这个时期将一直持续到6岁左右。这个时期，他逐渐脱离以自我为中心，开始喜欢交朋友，喜欢群体活动。这时也是帮助孩子明确日常生活规范、礼仪，教育他遵守社会规范、学会自律生活的关键时期。

每个孩子的敏感期出现时间并不完全相同，因此父母只有细心地观察孩子的内在需求和个性特质，才能有的放矢地实

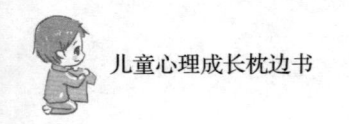

施教育。对于两岁半左右的孩子,家长要特别关注孩子的社会性行为,如以往孩子对父母的要求不理解、不采纳,但到了两岁半,孩子逐渐理解并遵循父母的要求做事情,这说明孩子在逐渐调整自己的行为,与周围环境的规则相适应。在社会性交往方面也是如此,1岁的孩子,自我中心意识很强,但在2岁以后,开始关注同伴的行为,出现了模仿、简单交流、交往困难或是有交往愿望时,这都说明孩子的社会敏感期真的来到了,家长要给予相应的关注。

一位母亲道出了自己的忧愁:"人家小姑娘穿得干干净净的,说话甜甜的,很讨人喜欢,但我女儿就是个'皮大王',说话大喊大叫,把玩具弄得'身首异处',喜欢和男孩子在一起疯,小裙子上总是脏兮兮的。我怎样才能培养出一个谈吐优雅的小淑女?"

的确,作为父母,我们都希望自己的孩子谈吐优雅、举止得体、招人喜欢。那么,身为父母,我们究竟应当怎样为幼儿树立社会规范呢?

1.要教育孩子尊敬长辈

首先要教育孩子见到长辈应主动打招呼,学会使用尊称和礼貌用语,懂得长幼有序;长辈、父母出门或回家要主动站起来,迎送、帮助递包,提醒带齐东西;听长辈讲话时要认真,不东张西望、不插嘴;与长辈谈话时要和气、礼貌、不要高喊大叫,外出或回家时要和家长打招呼,让孩子养成通报的习惯。听从长辈的教导要虚心，并认真按长辈的教导去做，长辈批评时不顶撞、不任性，要养成虚心听取批评意见的习惯。家长对正确的意见一定要坚持，不要孩子一闹就妥协，当然，家长也要注意批评的方式与方法，要求孩子遵守学校纪律，不让家长操心。在家里要干些力所能及的事，做到日常生活自理。

2.培养孩子从小就知道文明礼貌

文明礼貌是中华民族的优秀传统，是人们在日常人际交往中应当共同遵守的道德准则。在孩子与人的互相交往中，和悦的语气、亲切的称呼、诚挚的态度等，这会使得孩子更加友好、尊重别人，俗话说："良言一句三冬暖，恶语伤人六月寒。"因此，文明的谈吐和行为是孩子具有良好修养的表现，讲文明礼貌能促进孩子和别人之间的团结友爱，是连接孩子与他人之间情感的道德桥梁。

培养孩子这一社会公德意识，需要父母从日常生活中的细节入手，不要让孩子出言不逊、恶语伤人，失礼不道歉，无理凶三分，更不能骑车撞倒人后扬长而去，乘车争先恐后，在公共汽车上见老人或抱小孩的妇女不让座等，防微杜渐，是防止孩子出现不文明行为的最佳方法。

3.培养孩子从小就知道遵纪守法

绝大部分父母希望在孩子心目中树立绝对权威，首先要求的是让孩子听话，并按设定的目标发展。当孩子一天一天长大，父母发现孩子许多方面并不向着他们的要求去发展，就用

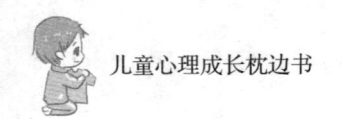

命令或强制的手段去让孩子服从。如果这些方法还不奏效，父母只得宽容态度，任其自然。对孩子守纪、守信、守法教育从小抓起。有些家长总是不自觉地庇护自己的孩子，认为孩子小不懂事，骂人、打人、偷东西、毁坏公物、随地大小便、扔垃圾、墙壁上乱画乱抹、霸道、自私等都不要紧，孩子大了自然会懂事。但是当这些恶习日积月累，当孩子长大时，不但给家庭带来痛苦，也给社会带来灾难。

4.从小培养孩子服务社会的责任心

未来社会，已经把是否能为社会服务作为判定人才的一大标准。一个没有责任心的人，将会在他生活和工作的各种领域内面临同样的命运——不被接纳重用，从而让自己陷入任何集体都不喜欢的"怪圈"之中。

在日常生活中培养孩子的责任心。孩子的大部分生活不是在学校就是在家庭，家庭因此成为培养孩子责任心主要阵地之一。当孩子的责任心得到培养时，他们就会主动地帮助他人克服困难；主动地参与集体活动、公益事业，逐步地懂得服务社会是每个社会成员的责任。

要让孩子有责任心，父母就不能一味的宠爱他，他也需要经历一些生活的历练。首先，孩子的事，要尽量让孩子自己做，家长不要处处为孩子代劳，事事替孩子包办。这样并不是真正的爱护孩子，其后果是剥夺了孩子的锻炼机会，使孩子缺乏独立生活能力，适应生活环境的能力。其次，要有意地让孩子参与劳动，让他们体味劳动的果实。让孩子做一些力所能及的事情，不仅能使孩子体验成功的喜悦，而且有助于培养孩子对家庭，对自己的责任心，劳动还能培养独立精神、锻炼顽强的意志，提高心理素质，使之养成良好的劳动习惯和吃苦耐劳的好品质。

一个眼里有国家和社会的孩子不会是一个自私、狭隘的人，这样的孩子才不会活在自己的小世界里，会立志对国家和社会作贡献，长大后才会有出息！

在追求完美敏感期内，帮助孩子学会欣赏美

前面，我们已经阐述过孩子的敏感期，包括追求完美的敏感期，在这一敏感期时，孩子开始关注自己，关注审美。儿童心理学家认为，抓住孩子的这一敏感期，培养孩子正确的审美观和提升其审美能力，对孩子一生有着至关重要的作用。

的确，爱美之心，人皆有之，我们培养孩子，其中重要的一点内容就是丰富孩子的精神内涵，从而让孩子获得气定神闲、温文尔雅、落落大方的气质。更深层次的，就是让孩子成为一名有品位的现代人。可以说，品位的获得，离不开审美能力的培养。因此，父母就要让孩子从小学会欣赏美，明白何为美，何为丑。

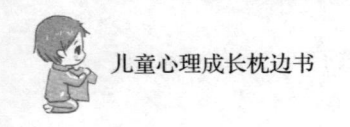

那么，父母该怎样在儿童追求完美敏感期内培养孩子的审美能力呢？

1.引导儿童树立正确的审美观

审美品位的高低，最能反映人的气质。怎样培养孩子具备较高层次的审美意识，以便让他们在富有个性的审美中建立自尊与自信呢？

一位智慧的妈妈这样介绍了自己的经验：

我和她爸爸几年前就下岗了，家里的经济条件也就很不宽裕，但可能是出于女孩的天性，她很爱漂亮，看到班上或者邻居小姑娘着装艳丽，或戴项链、手镯，不免流露出几分羡慕。她悄悄地问我："我也想涂红指甲，妈妈你说好不好看？"

我意识到女儿开始越来越爱美了，必须加以引导。于是，有一天，我在一些毛衣厂买了一些剩下不用的毛线，我把五颜六色的线头一截截接好，给孩子织了十来件衣、裙、裤、背心，利用颜色俱全的特点，精心设计出富有儿童情趣的款式和图案。

女儿穿上这些衣服，平添了几分聪颖、活泼。小朋友们羡慕极了，好多阿姨也都借她的衣服做样子。

后来，我再问女儿："你还要那些粉色棉袄和项链、戒指吗？"她赶忙说："不要了不要了，像个小大人，多俗气！"

当孩子年龄还小的时候，往往对一些颜色较多，较鲜艳的衣服、首饰比较感兴趣，而父母应通过正当的方法，引导孩子

树立正确的审美观，以免孩子陷入错误的审美意识中，阻碍审美能力的发展。

2.经常带孩子出入一些审美场合，让孩子接触广泛的审美范围

当然，这种审美活动要在孩子年纪到相当时，孩子已经有独立的审美能力，能对美产生一定的见解的时候进行。比如带女儿去参加宴会，让她接触一些潮流信息；也可以带孩子出席音乐会，画展等活动，孩子的眼界也会因此而扩张很多的。

3.让孩子学会创造美，这是审美活动的最高境界

欣赏美也只是审美的前奏，真正应该让孩子学会的是创造美。比如让孩子学会通过独特的眼光装扮自己，因为美丽的最高境界就是拥有自己的个性，不随波逐流。

一位很喜欢和女儿一起创造奇迹的母亲，这样介绍了自己的经验：

我和女儿最喜欢的活动就是做衣服。一次，我对女儿说："我们一起动手，为你制作一件世界上最美丽的衣服怎么样？你来设计样式和图案，妈妈帮你一起做。相信一定会很棒。"

女儿立刻来了兴致，对我的建议表示赞同。没过几天，女儿就设计好了她所喜欢的衣服样式——一件非常漂亮的小裙子，上面还有一个卡通小姑娘，比其他女孩的喜羊羊好看、有新意多了。接着，我和女儿又一同去购买了相关的材料，布料、扣子等。几天的时间，女儿的衣服就做好了。

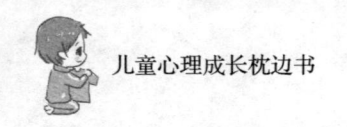

这件衣服穿在女儿身上立刻有了轰动效应，路人多行注目礼。女儿也开始对自己的审美越来越自信了，她甚至有了自己的伟大理想——成为一名优秀的服装设计师。

一个会审美的孩子不会停留在欣赏美上，而是会把自己独特的审美能力用在创造美上。可以说，很多著名的服装设计师最初的动力就来源于此。

以上几点是父母对孩子审美能力的培养必经的几个过程。这个过程是循序渐进的，有正确的审美意识，才能产生一种审美能力，进而转换成一种审美创造力。具备这种能力的孩子必定是个在审美上有独特见解的人，也更有创造力。

以正确的心态面对孩子的性别敏感期

每个宝宝从他出生的那刻起，也许家人被问得最多的一句话就是："宝宝是男孩儿，还是女孩儿啊？"之后，父母就会因孩子性别的不同而给予不同的反应，也会在内心盘算出完全不同的教育方式等。

到孩子三岁多的时候，他们就会对人的性别问题产生疑问。他们会突然好奇自己的"小鸡鸡"、妈妈的乳房；突然好奇为什么女孩子可以梳辫子，而男孩子则不可以；为什么女孩子能穿裙子，而男孩子则不能……这就意味着孩子进入了性别

的敏感期。

作为父母，如果你的孩子到了这个敏感期，我们成人的回答千万不能马虎大意，要以积极的方式来应对。做到这些，才能更好地帮助孩子度过这一敏感期。

然而，面对这个问题，大人们似乎总是很害羞，大多数家庭中仍然是谈"性"色变；有一部分思想开放的家长想给孩子提前教育，却又欲说还"羞"，不知从何说起。

周末的一天，秦太太和四岁的女儿丹丹在家看电视连续剧，说实话，秦太太最讨厌看这种又臭又长的电视剧了，但在家实在无聊，就打开电视看了起来。

现代都市的情感剧免不了一些"少儿不宜"的镜头，秦太太马上拿起遥控器准备调台，但丹丹已经看到了，她马上问秦太太："妈，男人与女人为什么要亲嘴……结了婚为什么就生小孩了……我又是怎么来的……我为什么是女孩呢？"

女儿一连串的问题让秦太太不知道怎么回答，她明白，是时候告诉女儿这些性知识了，"性"的问题，不能对女儿避而不谈了，孩子终归是要长大的。

"彤彤啊，其实呢……"

的确，我们的孩子在一天天长大，原本他只是个襁褓中的婴儿，但一转眼，他已经学会说话，学会向父母提问题了。而孩子到了3岁左右，他们最喜欢问的问题就是"我是从哪来的？""人为什么只分男女？"这让很多父母不知所措，或是

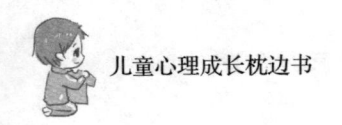

很尴尬，但其实，这样反而让孩子产生更多的疑问。其实，这是因为孩子进入了性别敏感期。

那么，面对孩子的性别敏感期，我们父母该怎么做呢？

1.家长应转变观念

在传统的教育中，父母总是避讳和孩子谈"性"和生理上的问题，而让孩子自己去摸索，往往使许多孩子因一时的"性"好奇，而犯下错误。父母是孩子性教育的启蒙者，以自然、正常的态度，教导孩子正确的性观念，才不会让孩子从一些非正面的渠道了解，才不会让他对"性"有错误的想法和观念，你的孩子才会身心健康地成长！

其实，对于这一问题，我们要抱着一颗坦然的心，才能帮助孩子面对性别问题，帮助孩子度过性别的敏感期，而到底什么是坦然的心呢？其实，这就好比一位教育学家的形象比喻：就像教孩子认识眼睛、嘴巴、鼻子一样去认识他们好奇的世界就足够了。

2.从正面教育

对孩子的生理课教育是不可缺少的一课，如果父母对孩子的疑问支支吾吾、躲躲闪闪，那么，孩子就会产生更大的疑问，带着这些疑问成长的孩子，日后就有可能试图从其他渠道了解，这些片面的、似是而非的甚至色情淫秽的内容，会妨碍孩子的身心健康的发展。所以，我们要从正面的角度去教育孩子，让孩子接受健康的、全面的知识。

3.充实自己的性知识，为孩子解疑答惑

为什么许多家长在与孩子谈论性别问题时感到困难或者无从回答？这其中一个主要的原因是家长自身对这些问题也很迷茫。事实上，正是因为家长们对这些问题避而不谈，导致了他们对性的知识也有限，因此，作为家长，应该学习一些有关性方面的知识来充实自己，了解一些与性教育有关的知识。有了比较足够的知识准备，与孩子谈论性问题时才会有自信心。父母的自信心是轻松而有效地实施性教育的关键。

4.以自然态度面对孩子的问题，恰当回答

三四岁的孩子其实已经有了初步的辨别的能力，因此，在灌输孩子正确性教育前，自己先有纯正思想，而后才能教导孩子纯正观念，提供适当的性教育，使孩子在很自然的情况下，吸收性知识。另外，对孩子好奇的一些常规问题，家长既要如实相告，又不能太复杂，否则，只会让孩子更困惑。如：人是怎样出生的？父母可以从植物结果讲起，接着联系到人的"性"与生殖，也可以从动物的生殖活动进行示范性比喻。浅显地介绍人类生殖的原理，有助于孩子弄清问题。

总之，孩子的性别意识是其形成自我意识的一个重要组成部分，而性别认同则是孩子从出生起就开始的一个学习过程。当孩子处于性别敏感期时，我们父母千万不可采取吞吞吐吐或

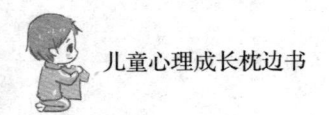

是躲躲闪闪的态度来对待孩子，那样只会让他们对此产生越来越浓厚的好奇心；也不可对孩子进行错误的性教育，那样只会不利于孩子性心理的健康发展。

第05章

麻烦不断的青春期：孩子内心最需要安抚的时期

　　青春期是人生路上的重要时期，是我们从孩童过渡到成人的时期。这个时期，孩子的身体在日益成长着，随之而产生的心理上的渴望成熟，并且，随着青春期孩子的独立意识日益明显，他们逐渐有了很多心事。作为父母，我们要知道，孩子有心事闷在心里对于身心发展都是不利的，我们要引导孩子善于与周围的人沟通，说出心事，这才是有助于孩子成长的正确方法。

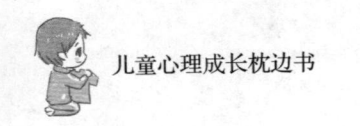

孩子脾气怎么越来越大了

作为父母，我们都知道，我们的孩子将来会生活在一个更多变化的社会，他们在未来都将会面对职场的激烈竞争，复杂的人际关系，也免不了一生中遭遇情场失意，事业困境，生意败北……总有一天，我们要先我们的孩子而去，不如早点把世界交到他们手中。而孩子的情绪调控和心理成熟能力如何，直接关系到他的人生是否幸福。

然而，我们发现，随着孩子年龄的成长，孩子似乎脾气越来越大，稍有不顺心就大发脾气，父母说几句也会跟自己对着干，以前乖巧的孩子现在动不动还会跟人打架……其实，我们应该考虑一下，我们的孩子是不是进入青春期了？

一天，平时工作就非常忙碌的刘太太被儿子老师的一个电话叫到学校，原来是儿子在学校闯祸了。可是令她不解的是，儿子一直很乖，连和人大声说句话都不敢，怎么会闯祸呢？

刘太太匆匆忙忙赶到学校，才问清楚情况：原来是班上有些男生挑事，说刘太太的儿子小强是"胆小鬼"。老师告诉刘太太，班上传言，小强喜欢某个女生，但一直不敢说，这些男生知道后，就拿这件事嘲笑小强。而小强则因为这件事很生气，于是大打出手，体型高大的他把这几个男生都打得鼻青脸肿。

"我的孩子怎么了?"刘太太很是不解。

一向乖巧的小强怎么会突然这么容易被激怒而向同学大打出手?日常生活中,如果我们被人叫作"胆小鬼",兴许我们会生气,但绝不会太过情绪激动而做出一些伤人害己的事。其实,这是因为青春期是一个负重期,随着时代的进步,他们的压力也越来越重,他们至少面临着三方面的压力和挑战:

一方面,身体发育速度加快,能量的积蓄让他们容易产生情绪;

另一方面,学习上的任务重,升学压力大,竞争激烈;

再一方面,要求交流的意愿和渴望独立的想法日益强烈。

这三方面的压力常常交织在一起,矛盾此起彼伏,而青春期的孩子并没有心智发育完全,毕竟,他们还是一群大孩子,也不懂得如何权衡这些压力。日常生活中很容易遇到一些刺激,青春期的他们把什么都挂在脸上,不像成年人那样善于控制或掩饰自己,常常喜怒皆形于色,发火就成了常有的事。美国的一位心理专家说:"我们的恼怒有80%是自己造成的。"而他把防止激动的方法归结为这样的话:"请冷静下来!要承认生活是不公正的,任何人都不是完美的,任何事情都不会按计划进行。"

因此,帮助青春期孩子疏导情绪,强化孩子的心理承受能力,是父母给予孩子受益一生的珍贵礼物。

可见,作为父母,我们只有了解青春期孩子情绪的特点,才

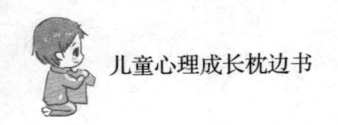

能和他们做好沟通工作,帮助他们控制并合理宣泄不良情绪。

要帮助孩子控制自己不要乱发脾气,我们父母可以从以下两个方面努力:

1.告诉孩子发火前长吁三口气

你要告诉孩子:"发火前长吁三口气"。事实上,很多事情都没有想象得那么严重。如果不学着控制自己的情绪,任着性子大发脾气,不仅解决不了问题,还会伤了和气。

2.告诫孩子学会正确地宣泄自己的情绪

青春期的孩子是脆弱的、敏感的、容易受伤的,他们也会悲伤沮丧。此时,你可以告诉他,不妨哭出声来。在很多青春期的孩子看来,一个坚强的人就应该始终不能哭,哭是懦弱的,但其实并不是如此,在过度痛苦和悲伤时,哭也不失为一种排解不良情绪的有效办法。哭不仅可以释放身体内的毒素,还能释放能量,调整机体平衡。在亲人和挚友面前痛哭,是一种真实感情的爆发,大哭一场,痛苦和悲伤的情绪就减少了许多,心情就会痛快多了。流眼泪并非懦弱的表现。所以你可以告诉孩子,你该哭当哭,该笑当笑,但要把握好一个度,否则会走向反面。

总之,我们父母要明白,青春期是孩子心理波动较强的时期,在这个期间,可能孩子的心理承受能力比较差。我们要认识孩子的情绪,并帮助他们控制自己的情绪,只有这样,我们的孩子才能始终保持稳定的情绪!

总是唠叨，让孩子不愿意和妈妈说话

作为父母，我们都知道，青春期对于一个孩子来说，就如同暴风雨的夜晚，他们既"多愁善感"又"喜怒无常"，感情细腻又多变，时刻需要父母的呵护。一个不小心，孩子就可能学习成绩下滑、早恋或者结交一些不良朋友等，因此，多半时候，我们都会对孩子的一举一动相当敏感，总是担心他们这个弄不好，那个不好的。为此，我们经常会向孩子唠叨，这一点，尤其是妈妈。但其实你越是唠叨，孩子越是不想跟你说话。要知道，这一阶段的他们独立性增强，总希望得到他人的承认和尊重，希望摆脱成人的约束，渴望独立。他们不愿意再像"小孩子"一样服从家长和老师，他们希望获得像"大人"一样的权利。因此，青春期的孩子，最讨厌的就是妈妈的唠叨。他们会觉得你很啰唆！

大宝是某中学初二的学生，也是一个三口之家的独生子，他就是家里的"小皇帝"，爸爸妈妈生怕他遇到什么不开心或者委屈的事。可以说，除了工作外，他们把所有的精力都投入到大宝的身上，尤其是妈妈，大宝的妈妈是一名家庭主妇，自从有了大宝后，她所有的时间都在大宝身上，而大宝也一直感觉自己很幸福。

可是一上中学后，妈妈发现，儿子好像变了很多，好像心里总是有很多秘密似的，而儿子也不主动与自己沟通，这让她

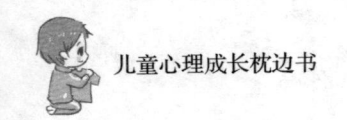

很担忧，她也想改善现在的关系。于是，在大宝生日那天，她和丈夫特地带着大宝去了他最喜欢的自助餐厅。

来到餐厅后，妈妈取了很多大宝最爱吃的食物，然后和爸爸一起对大宝："生日快乐！"他们本以为大宝会开心地一笑，没想到大宝很冷淡地说了一句："谢谢！"这让他们很意外。

"为什么，你不开心吗？记得你小时候最喜欢我们给你过生日了！"妈妈疑惑地问。

"没什么，吃吧！"大宝依旧低着头，轻声说。

"大宝，你要是遇到什么学习上的问题，一定要跟妈妈说。"妈妈继续说。

"真的没什么。"大宝已经有点不耐烦了。

"可是你今天真的很不对劲啊，你要是不跟我说的话，明天我去学校问老师。"

"你怎么总喜欢这样啊，烦不烦？"大宝的分贝提高了很多。

这时，爸爸打破了母子之间的尴尬，笑呵呵地说："我们儿子长大了啊！儿子说说，今天在学校都发生了什么新鲜事儿啊？"

大宝抬起头，淡淡地说："没什么事儿，每天都一样上课、下课。"爸爸不知如何接口，饭桌上一片沉默。

我们发现，这段亲子间的对话，毫无效果，其实原因是多方面的。作为母亲，大宝的妈妈在沟通技巧上还有待学习与提高：干巴巴的道理唠唠叨叨个没完没了、讲话的语气咄咄逼人，这都会让孩子觉得你很烦，自然不愿与你继续交流。

的确，作为母亲，在孩子还很小的时候，她们往往是孩子最愿意倾诉衷肠的对象，可到了青春期，这种情况往往就改变了，你的问候变成了唠叨，甚至招来孩子的厌烦。虽然处于这个时期的孩子渴望倾诉、渴望理解，但他们更像一个锋芒毕露的刺猬，这就为妈妈与孩子沟通造成了很大的障碍。

那么，到了青春期，作为妈妈，该怎样与孩子沟通呢？

以下是几点建议：

1.少说话，善于察言观色

日常生活中，我们对孩子的关心不一定全部要通过语言，我们不妨学会察言观色，从一些小细节上发现孩子细微的变化。

另外，即使与孩子交流，我们也要对孩子的反应敏感些。孩子对谈话内容感兴趣时，可将话题引向深入，一旦发现孩子有厌烦情绪，就应立即停止，或转移话题，以免前功尽弃。另外，即使找到交流的话题，也应力求谈话简短有趣、目的明确，切忌啰唆，以免造成切入点选择准确，但交流效果不佳的情况。

2.用"小纸条"代替你的唠叨

沟通不一定是"用嘴说"，用小纸条也是不错的方法。

小杰是个单亲家庭的孩子，他的父亲在他三岁的时候就离开了。他的母亲就身兼父职，独自抚养小杰，但母亲经常工作

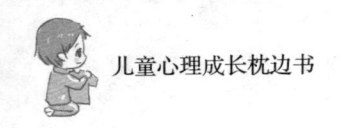

忙,还要出差,出门前总会在冰箱上留一个便条:"里面有一杯牛奶,三个西红柿,请不要忘记吃水果。"在写字台上留张条:"请注意坐姿,别忘了做眼保健操。"

多年以后,小杰考上了大学,母亲为他整理东西时,竟然发现他把这些纸条全揭下来并完整地夹在书本中。母亲的眼睛一下子湿润了——原来孩子的情感之门始终是向自己敞开的,对自己的关爱也始终珍藏在心底。

3.关心孩子不一定非得询问学习状况

2007年《钱江晚报》曾经发表过一个有关调查,结论是:"在与孩子沟通的问题上,家长指导孩子学习占沟通内容的70%,这就是问题的症结所在。"孩子的成才应该是全方位的,只抓孩子的学习,对孩子全面发展极易产生负面的"蝴蝶效应"。这些,是对任何年龄阶段的孩子实施家庭教育过程中都应该避免的。

为此,家长们若想和孩子沟通,就需要多关注孩子除了学习外的其他方面。如果你的儿子是个球迷,那么,你可以默默帮孩子搜集一些信息,孩子在感激后自然愿意与你一起讨论球技、赛事等;如果你的孩子爱唱歌,你可以在节假日为孩子买一张演唱会门票,相信你的孩子一定备受感动,因为他的父母很贴心、明事理。

这种类型的交流是"润物细无声"式的,它没有居高临下的威迫感,极具亲和力,孩子也容易打开心扉,接受与父母的

交流。

当然，让孩子打开心扉，与孩子交流的方式、方法远不止这些。但总的原则是：妈妈一定不要唠叨，而是要让孩子觉得你是在真正地关心他，并且是从心底里关心的那种。

青春期的孩子为何喜欢说脏话

也许，在孩子还小的时候，无论是老师还是父母都嘱咐孩子要文明礼貌，不能讲脏话，孩子似乎也很听话，但是随着孩子年纪的增长，尤其是到了青春期，我们父母发现，孩子突然开始讲脏话了，并且，这种现象在青春期的孩子身上尤为明显，事实上，原因之一是青春期孩子特有的心理特征，他们要面临身体的成长、繁重的课业负担、师长的管教，此时，他们需要一种宣泄内心负面情绪的出口，此时，他们就开始说脏话了。另外，还有一些父母，他们在孩子青春期来临前忽视了孩子的这一教育，转而把眼光都放在了孩子的学习上，而事实上，孩子是需要全面发展的，这也是素质教育的宗旨。要知道，一个满嘴脏话的人，无论是生活、工作还是学习，是无法获得他人的尊重和友好协作，也不易获得友谊和自信，因此往往缺乏幸福感。要想使孩子成长为有所作为的人，父母就应教引导青春期的孩子杜绝脏话，懂礼貌、讲文明。

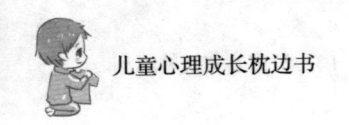

如果你的孩子总是说脏话，那么，你需要从以下几个方面来引导他，并订立规矩：

1.冷静下来，为孩子分析脏话的内容

父母在听到自己的孩子说脏话时，不要显得惊慌失措，也不要气急败坏地责骂，更不能置之不理，要冷静，蹲下来，严肃而不凶悍，以和缓的语气和孩子说话。例如：

"孩子，你刚才说的那句话，用的词汇很不好，你知道我说的是哪个词汇吗？"

"这是大人说的，你是孩子，不能说这个词语，知道吗？"

"为什么不能说呢？因为你是孩子，你说了，别人会说你不懂说话，说你学习不好，看不起你！"

"你愿意让别人看不起吗？"

家长最难做到的就是"不生气"。你生气，孩子就听不进你说的话了。而另外一些家长则喜欢和孩子说大道理，让孩子不耐烦，反而失去教育的功效。

2.以身作则，杜绝孩子学习脏话的来源

生活中大多数情况是这样的，大人有时也会语出不雅，但都习以为常，不会觉得有什么异常。而脏话从孩子嘴里说出来，就特别刺耳，要是他们在大庭广众冒出些脏话，父母更是想找个地洞钻下去。其实，家长也应该拒绝脏话，这样，在家里建立互相监督的制度，如果父母不小心在孩子面前说了不文明的词句时，一定要向孩子承认错误，以加深他不能说脏话的印象。

3.教会孩子一些初步的礼仪知识

家长应该从小教导孩子学习一些礼仪知识，这也是文明行为，包括见面或分手时打招呼、握手，与人交谈时眼神、体态和表情要体现出对对方的尊重，久而久之，孩子就会认识到说脏话是一种不礼貌的行为，就会努力改正。

4.孩子说脏话，千万别强化

青春期的孩子说脏话，有时候是同学之间相互模仿，是为了显示他的某种本事。碰到这种情况，您千万别笑，更不要流露出惊奇的神色，有时严厉的训斥也是无济于事的，因为这些反而会强化他的行为。其实孩子说脏话有时候并不是恶意，而是为了得到他人的注意。孩子从小伙伴那儿学了几句骂人的话，在家和学校中一边说，一边开心地大笑，这时，我们心里挺恼火，但也强忍着不显示出任何兴趣。只有这样，他才会觉得索然无味。久而久之，那些不好听的字眼或脏话就会逐渐被忘掉而消失。当然，也可以寻找比较恰当的时机，告诉孩子，说脏话很难听，只有坏人和不学好的人才讲脏话。在日常生活中，孩子有时能用自己的语言来赞赏或描述他喜欢的人和事，这时，我们一定及时鼓励表扬，让他感觉到美的语言是令人愉快的。

5.引导孩子使用"幽默"的词汇来代替"脏话"以表达自己的情绪

例如："×××，你说话像放屁，昨天说今天还我钱，怎么不还？"

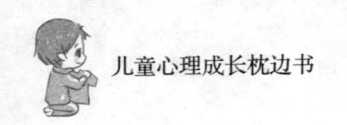

告诉孩子可以这么说："你昨天说今天还我钱,昨天是四月一号吗？"

如果对方知道四月一号是愚人节,立刻就明白男孩的意思了。

当然,"幽默"需要较高的语言水平,但对于青春期的孩子来说,他们已经能掌握并运用了,让孩子有个努力的目标,就不会再去说脏话了。

总之,满嘴脏话是一种不良的行为习惯,是有失礼仪的表现,孩子不懂得尊重他人,在人际交往之中就会产生许多摩擦,也会失去许多朋友和机会,父母在关心孩子成绩的同时,决不可忽视这一点。

青春期的孩子为什么那么爱打扮

作为父母,你是不是发现孩子最近变了：总霸占着镜子不放,摆弄头发、摆各种Pose；不再喜欢妈妈带他去剪头发,不再喜欢可爱的小萝卜头；漂亮的卡子和装饰品,成了女儿的最爱……这倒是其次,你甚至会发现孩子喜欢上了一些新奇的打扮,让你无法接受。其实,这是因为孩子到了青春期,相对于其他任何时期,青春期的孩子更爱美。

青春期的孩子为什么突然变得这么爱美？其实,这只是孩子叛逆的一个方面，随着自我意识和好奇心的增强，他们希望自己活得有个性，希望成为周围的人关注的对象。于是，很多青春期孩子会不遗余力让自己变得很另类。除此之外，为了使自己像个大人，容易交到朋友，更显得轻松、潇洒、大方，许多青少年用零用钱吸烟、喝酒，有的女孩子在青春期过分追求穿戴打扮，更有16岁左右的中学生与同学传出恋情……家长每天都在管孩子，可孩子们依然我行我素，有时家长管严了，孩子竟以离家出走相要挟。这些青春期叛逆的孩子让家长头痛不已。

杨太太在向老友们谈到自己的女儿时，说到这样一件事：

一个星期天，她打算和丈夫一起，带上女儿去看望在另一个城市的姐姐，可女儿说自己不怎么舒服，想在家看电视，她叮嘱完女儿自己注意安全后，就出门了。

刚出路口，她突然发现手机忘带了，就准备回家拿，回去的时候，几道门都没关，她心想，这丫头，也不怕小偷进家门，刚嘱咐的就忘了。她正准备进房间拿手机，却发现女儿正在自己的梳妆台旁边涂她的睫毛膏，看见妈妈进来，女儿不知所措，吓得把眼睛都弄黑了。

"琳琳，你在干什么？"

"我看见班上几个女孩子都已经开始用口红和粉底了，也想看看自己化妆了以后是不是也会变漂亮。可又怕您不同意，就想趁您不在家的时候，自己化妆看看，可我不会用。也没想到，你突然跑回来了，要不，您什么时候教我吧，我以后还可

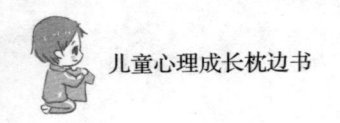

以参加一些聚会呢。"

杨太太一言不发，就走了。临出门的时候说了一句："要记得锁门。"

杨太太的老朋友说："人家琳琳也不是小孩子了，可以化妆了，你不教孩子化，人家只能偷着化嘛。"

"姐，那你说错了，琳琳还小，用那些成人用的东西，第一，对身体不好，第二，也不适合她这个年龄。晚上回去，我得好好跟她说说。"

晚上回家后，杨太太便给女儿上了一堂关于青春期是否能用化妆品的课。

不得不说，爱美，是每一个人的天性。很多这个年龄段的女孩开始化妆，认为这是跟上时尚和潮流的一大表现，有些男孩打耳洞、穿奇装异服，这都让父母操碎了心，不知道孩子心里头在想什么？担心他们行为偏差或有更出格的状况出现，也怕孩子崇尚名牌乱花钱，更担心他们的安全。的确，青少年的逆反心理如果得不到及时合理的调适，进而发展成不可调和的矛盾或者难以愈合的伤口，那么就很可能做带有明显孩子气的傻事和蠢事，最终酿成悲剧。

那么，面对青春期孩子爱美、爱打扮的行为，我们该怎样引导呢？

1. 不要大惊小怪，也不要直接批评孩子的审美观点

如果我们直接对孩子说："瞧你什么德性，跟小混混有什

么区别？"那么，孩子多半会立即反驳："你不懂，你不了解我的感受。"从而排斥父母。父母要阅读一些流行信息，或利用机会教育，如跟孩子外出在地铁或路上，看到穿露臀低腰裤的人，跟孩子讨论："你如何看待穿着暴露的女孩子？""女孩子如果穿着暴露的衣服走在大街上，你感觉如何？""你认为这样好看吗？""你喜欢这样穿吗？"引导孩子思考。

2.真正关心孩子，不要只在意孩子的学习成绩

生活中，有些父母工作太过繁忙，他们只关心孩子每次的考试成绩，甚至孩子换了一个新发型、一件新衣服，他们都没察觉出来。于是，这些孩子采用一些新奇的打扮、怪诞的行为来引起父母的关注。

对于这种情况，作为父母的你，一定要对孩子说："对不起，爸爸妈妈一直以来都忽视了你的感受！"真心向孩子道歉后，你就必须用行动证明自己在关心孩子，不仅要关心孩子的学习，更要关心孩子在生活中的细小变化等。你可以告诉他："不错，今天这发型绝对回头率高！"得到父母的认可，他们对自身的形象会信心大增。

3.引导孩子认识心灵美才是真正的魅力，才会赢得他人真正的尊重与佩服

很明显，我们都明白，只有学习成绩和良好的道德品行才会得到周围人的认同。但对于青春期的孩子，他们并不一定有这一层次的认识。因此，作为父母的我们，不妨以事例引导：

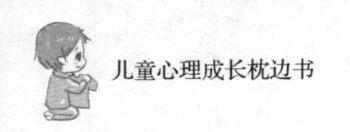

"你爸爸今天在回家的路上救了一位差点被车撞的老大爷,周围的人个个都竖起了大拇指。"或者和孩子一起观看具有启发意义的电影、电视剧等。另外,我们还可以和孩子一起评价周边的人等,在这个过程中,给孩子传递我们要注重外表,但是内心的美才是最重要的价值观,让孩子的思想在潜移默化中得到改变。

总之,孩子们的叛逆需要的不是我们大呼小叫的训话,也不是我们无休无止的打骂,他们需要的是我们含辛茹苦的引导和疏导。

正确对待孩子发出的早恋信号

早恋,即过早的恋爱,是一种失控的行为。对于青春期的孩子来说,他们可以对异性爱慕,但必须学会控制这种心理的滋长和蔓延,更不要早恋。早恋,不仅成功率极低,而且意志薄弱者还可能铸成贻害终身的罪错。

在教育孩子的过程中,很多家长认为,尤其对于青春期的孩子,一定要严加看管,否则孩子很容易陷入早恋的泥潭,于是,孩子与异性说话都成为他们捕风捉影的信号。实际上,孩子进入青春期渴望与异性交往,是青少年身心健康发展的重要标志。如果没有这种心理需要,反而要打个问号了。再说,异性交往并非必然陷入恋情，更可能是同学、师生、朋友、合作伙伴等多种人际关系。即便孩子真的早恋了，作为家长，当我们发现孩子有早恋迹象，该怎么办？对此，我们先来看看一段母亲和儿子的对话：

"孩子，其实妈妈明白你的心情，妈妈也是过来人，在你这么大的时候，也喜欢过一个人。那时候，他经常来学校找我，并对我无微不至地照顾，我发现自己爱上他了。可事实上，原来他已经有了家庭。我伤心欲绝，学习成绩更是一落千丈。"

"后来怎样呢？"儿子好奇地问。

"后来，就在那段时间，我们学校转来了一个新同学，他开朗、乐观，成为了我的同桌，我们无话不谈，一起学习、交流心得，很快，他帮助我走出了那段情感的阴影。你知道这个人是谁吗？"

"不知道。"

"他就是你爸爸啊！我们很快相爱了，但是我们并没有沉浸在爱情的幸福中，而是约定要一起考大学，一起追求梦想，后来，我们大学毕业后就结婚了……"妈妈沉浸在甜美的回忆中。

"爸爸太棒了！"儿子赞叹地说。

"是啊，不然我又不会喜欢他。那你认为她呢？"

"我不知道，但她长得很漂亮。"。

"孩子，妈妈也给你一个建议：你不妨跟她做个约定——你们要一起考上大学。等你考上大学之后，如果你还是这么认

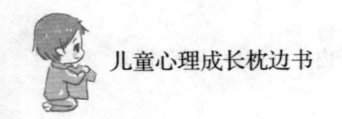

为，那么你不妨开始一段美丽的爱情。在这之前，你可以跟她做很好的朋友。"儿子点点头答应了。

并不是所有家长都能和这位母亲一样理解男孩，事实上，很多家长在知晓儿子在青春期谈恋爱后，都会火冒三丈，然后"棒打鸳鸯"。而最终结果是，孩子只会越来越坚信自己的选择，甚至做出更加"出格"的事。而家长的理解则是孩子接受家长建议的前提。因此，作为家长，我们不妨放下架子，与孩子来一次促膝长谈，帮助孩子脱离早恋的苦恼，从那段青涩的爱情中走出来。

因此，作为父母，对于孩子早恋的行为，一定要保持理性：

1.要有清醒的头脑，决不能打骂孩子

作为父母，我们要理解孩子青春期渴望与异性交往的心情，当孩子真的早恋时，也不能打骂孩子，早恋也绝非洪水猛兽。

2.与其苦口婆心地劝导，不如巧妙引导

现实生活中，我们常常见到这种现象：一些青春的孩子陷入早恋，父母的干涉非但不能减弱两人之间的感情，反而使之增强。父母的干涉越多、反对越强烈，恋人往往相爱就越深。

为什么会出现这种现象呢？这是因为，人都是自主的，青春期的孩子也开始有了一定的独立意识，他们开始关注异性，而父母越是反对，他越是偏向选择自己的恋人。因此，深谙教育艺术的父母绝不会苦口婆心地劝阻孩子，因为他们知道这样，只会让孩子爱得更深。

孩子在成长过程中，他们会不断长大，自然会出现一些心理波动，作为父母，我们不妨采取一种讨论的态度，和孩子平等地讨论爱情，让孩子明白青春期是积累知识的时期，对异性的好感并不是爱情，并采取一些方法强化孩子的家庭归属感，让孩子重新把精力集中到学习上来。

3.告诉孩子与异性交往的分寸

我们不妨直言不讳地告诉孩子，青春期想接近异性并不可耻，但一定要把握分寸，大胆、大方地与异性交往，即使对异性有好感，也只能让它们作为一种美好的愿望，珍藏在心底，等自己真正长大成熟时，他（她）会以百倍的力量，热情、成熟来迎接你！

4.帮助孩子转移视线，明确青春期是学习的黄金时期

青春期是孩子长知识、长身体的黄金时代，世界观还未形成，缺乏必要的社会知识与经验，如果过早地陷入爱情的漩涡中，势必会影响自己的学业和身心健康。我们要告诉孩子，你现阶段要做的是，明确自己在青春期的奋斗目标，把精力重新投入学习中，才是明智之举。

总之，我们要让孩子明白的是，青春期是打基础时期，将来从事何种事业还没有定向，他们今后的生活道路还很长。早恋十有九不能结出爱情的甜果，而只能酿成生活的苦酒。当孩子能正确处理青春期的"爱情"时，也就能把握好人生的舵，不会过早去摘青春期的花朵。

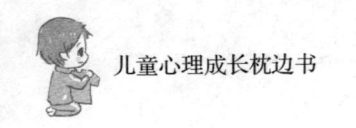

青春期孩子为何爱追星

我们很多家长包括老师发现，一些孩子一到青春期，聊得最多的话题就是明星和偶像。这些少男少女，对明星们似乎有着一种极度狂热，追星的大部分人也是这些青春期的孩子们。而事实上，这些孩子心中的偶像大多都是影视歌星，只有少数人的偶像为艺术家或商人、作家等。很多孩子因为追星已经逐渐变得疯狂起来，为那些明星偶像着迷起来，他们盲目地"随大流"，疯狂地收集明星资料、相片和唱片，是非常愚蠢的做法。这样既浪费钱财，又浪费时间。

那么，如何引导青春期的孩子理智追星呢？我们先来看看下面案例中这位妈妈的做法：

周六的晚上，妈妈看到儿子在上网，便对儿子说："你能帮我找找邓丽君的歌儿吗？"

"老妈，不是吧，那么老的歌儿你还听啊？"儿子一副不屑的样子。

"妈妈那时候可是邓丽君的铁杆粉丝呢，我可不喜欢什么周杰伦的歌儿，听不惯！"

"原来妈妈以前也有偶像啊！"

"有倒是有，可不像你们现在的孩子，还追星，为了一张演唱会的门票，可以省吃俭用，甚至等个通宵也要买到票！"

"您怎么知道有人这样追星啊？我们班就有几个女孩子这

样，我可没那么疯狂！"

"我们单位好多年轻人也这样啊，还是我儿子理智啊。"

"但是妈妈，我们可以有偶像，可以追星吗？"

"什么事情都有个度啊，你有偶像没错，但要看是什么偶像，为了学习他的优点而把他当成偶像的，这是没错的。'追星'要'追'得有意义，不可盲目去做一些'傻事'。就在2006年的时候，有位女士为了与刘德华拉近距离合影，不惜倾尽家产，而导致家败人亡！这种追星的方式就不对嘛！"

"妈妈说的对，我喜欢周杰伦的歌，也是有原因的呀。周杰伦在领金曲奖'年度最佳专辑'奖时曾说过一句：'好好认真读书，好好听周杰伦的音乐'，杰伦的音乐以公益歌居多，如《梯田》《听妈妈的话》《外婆》《懦夫》等，几乎每张专辑都会有！"

"儿子说的也有道理啊……"

就这样，母子俩就偶像一话题聊到深夜。

所谓"追星"行为，是指青少年过分崇拜迷恋影视明星和歌星的行为。中学生追星现在已经成为一种普遍的潮流。青春期男孩就成为这一追星族中的一支力量。

那么，这些孩子为什么会成为追星族中的一员呢？

1.崇拜心理

我们不难发现，孩子们所追的星，男的大多英俊潇洒、风流倜傥；女的则羞花闭月、沉鱼落雁，扮演的也多是些娇媚可

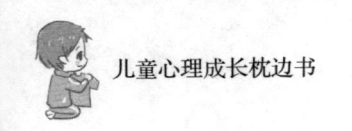

人；球星也都英姿勃勃、气质逼人。这些难免让那些少男少女们羡慕、迷恋、崇拜甚至疯狂。

2.从众心理

在孩子中，追星现象很普遍，势力也很大，以致本来没多大心情追星的人，为了不被看作"落伍"，也自觉不自觉地加入了。

3.时尚心理

"追星"，在不少孩子看来，就是件时髦的事，只要有"星"可"追"就足够了。

事实上，无论是谁，都需要一个目标，榜样的力量也是无穷的，正如"没有星星，宇宙将漆黑一片"一样。年轻人需要榜样，偶像肯定是在某个领域获得巨大成功后才成为偶像的。但盲目地追星，还是会让自己的生活陷入无目的之中。对于孩子盲目"追星"的行为，家长一定要及时予以纠正，对此，家长可以从以下几个方面努力：

1.帮助孩子树立明确的目标与理想

实际上，追星现象在那些学习成绩差，没有目标的孩子身上体现得更为明显，他们这样做，是为了另辟蹊径树立在同学们心中的形象。他们刻意模仿明星们的作风，收集明星们的信息，把这些作为在一起交往时炫耀自己能干、消息灵通的资本，以此抬高自己的身价。而很明显，我们可以发现，那些学习成绩优异的同学，对明星的关注度会小很多，因为他们已经有树立威望的资本——学习成绩。

因此，作为父母，要帮助孩子找到学习的乐趣，让其树立学习的目标。当他为理想奋斗的时候，也就没有那么多的精力"追星"了。

2.让孩子"追星""追"得有意义

父母不可否定孩子的追星行为，但你要告诉孩子："追星"要"追"得有意义，不可盲目去做一些"傻事"。如何说"追星"追的有意义呢？就是说在"追星"的同时，也去学习别人的那些高贵品质。许多明星之所以成名，是因为他们付出了许多心血和汗水。他们的人生道路并不是一帆风顺的，许多明星的品质都值得我们学习。

你可以给孩子举一些能启发孩子的例子，比如郑智化，他虽然是残疾人，但他身残志不残，毅然选择了自己所喜爱的演艺事业。他靠着坚强的意志，唱出了许多好听的歌。大家都熟悉的《水手》就足以证实。

当你告诉孩子这些后，他就会有选择性地树立自己心中的偶像，而不至于盲目。同时，他们会学习这些明星身上那些可贵的品质，这就是"追星"的意义。

3.培养孩子正确的审美趋向，让孩子知道什么是美

很多孩子之所以追星，完全是因为他们被明星俊美的外表打动，于是，他们便开始刻意地模仿明星的穿着。而这是因为，孩子还不知道什么是真正的美丑。为此，在生活中，作为

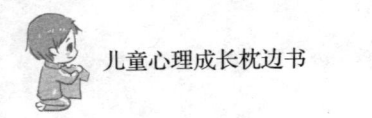

父母，要对孩子进行一些价值观的教育，让孩子知道，心灵美才是真的美。当孩子对审美的标准发生改变以后，也就理智得多了。

作为青春期孩子的家长，正确引导孩子的追星情结，才会让孩子理智地认识追星。这样，孩子就不会盲目地跟在明星后面，而是行动起来，为自己的目标奋斗，为自己的梦想努力，你的孩子也会成为建设国家的栋梁之才和耀眼之星！

第06章

理解孩子的逆反心理：谁的青春不叛逆

　　青春期阶段，随着身体发育的加快，我们的孩子在思维上也开始日益完善。他们开始思考自己、思考未来与人生，同时，他们会面临很多不解与困惑。此时，渴望独立的他们本能地开始摆脱这些困惑，于是，他们叛逆、反抗父母与老师……一些父母家长一看到孩子出现与以往不同的举动，便会产生焦虑心理，认为孩子可能会越轨等，甚至对孩子严加管教。实践证明，这种方法并没有太大的效用。其实，面对青春期孩子的逆反，最好的方法是蹲下身来，和孩子建立一种平等的朋友关系，理解、支持你的孩子，建立起真正的亲密关系，让孩子的世界真正接纳你！

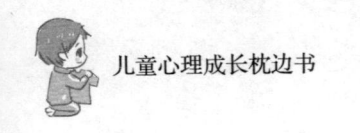

谁的青春不叛逆

场景一：

你说："天冷了，穿上秋衣秋裤吧。"

孩子说："不穿，我不冷。"

你说："都起风了，怎么会不冷？"

孩子说："我这么大了，连冷热都不知道吗？"

你说："你怎么越大越不听话，还不如小的时候呢？"

孩子说："为什么要听你的，真是的。以后少管闲事。"

场景二：

妈妈："最近怎么回事，老有男生打电话找你，成什么样子？你已经是大女孩了，不能乱和男生接触。"

女儿："要你管？"

这样的场景，或许很多家长都遇到过。我们会发现，孩子到了青春期后，好像总是故意和自己作对似的，总和自己唱反调。很多父母感叹："我让他往东，他就是往西。""我说的话，他就没有听过。"的确，青春期的孩子，常常会产生逆反心理。逆反心理是指人们彼此之间为了维护自尊，而对对方的要求采取相反的态度和言行的一种心理状态。

那么，青春期的孩子为什么会如此逆反呢？

青少年之所以产生叛逆心理，有以下三个方面的原因：

第一，青春期的孩子因为身体发育而产生了一些属于青春期的独特心理。身体上的变化、第二性征的出现给他们的心理造成了一些冲击，他们往往会对此感到不知所措，因此，他们便会产生了浮躁心理与对抗情绪。

第二，除了身体上的发育趋于成熟外，青少年还渴望独立，希望周围的人把自己看成个成年人，因此在面对问题时他们常常呈现出一种幼稚的独立性，并未成熟的他们会处在反抗期内。

第三，自我意识的增强，社会上各种新奇事物的冲击也让青少年们对很多东西产生兴趣，他们便要通过表现个性、追逐时尚等方式来满足好奇心。

另外，很多其他因素，如社会和家庭教育的一些不足，也成为青少年叛逆的源头。此外，青少年如今面临的各种压力，比如就业压力、学习压力以及生活中的无聊情绪等，也是叛逆心理产生的"沃土"。

很多家长一看到孩子出现与以往不同的举动，就认为这是青春期的逆反行为，担心自己的让步就意味着孩子的越轨。然而，对孩子的每个小细节都横加指责会使较小的争吵升级为全面战争。因为孩子最厌恶的就是父母对自己管得太多、干涉太多。

为此，在孩子有逆反苗头的时候，家长首先要反思，也

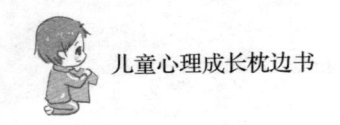

许是自己正在挑起这种情绪，或者孩子对自己的什么地方有意见，然后有针对性地找办法解决。

任何一位家长，都希望自己的孩子能健康、顺利地度过青春期，而孩子的叛逆心理，则是孩子生活、学习的最大杀手，同时，它也打扰了正常的家庭生活秩序，有些孩子甚至在青春期一味地反抗家长而走向了违法犯罪的道路。因此，在这个过程中，家长的疏导就显得尤为重要。

1.面对孩子的变化，不比大惊小怪

我们首先要做的是了解孩子身心的变化，然后，我们便能理解孩子的这些变化其实都不是什么大问题，在此基础上，我们就能坦然接受孩子的变化，并能转换角度，从孩子的立场看问题。

2.找出孩子产生叛逆心理的原因，有的放矢，对症下药

我们知道，每个青春期孩子产生叛逆心理的原因和表现都是不同的，如果女儿只是尝试穿妈妈的高跟鞋，用妈妈的化妆品，或者儿子换了一种新潮的发型，您完全可以把这种现象当作普通的爱美之心。比如，你可以告诉孩子："妈妈知道你是想保持身材，这是好事情呀，显得漂亮是你的权利呀。但是最好穿厚些，感冒了，会影响课程，那样会很受罪和心急，那时候你还会有心情欣赏自己的体形吗？"

如果孩子事事和您作对，拒绝接受您的任何意见，就需要第三方的介入，让孩子信任的长辈与他好好沟通，或者寻求心

理医生的帮助，进行家庭干预或家庭治疗。

在出现比较激烈的叛逆心理时，学会心平气和地去开导他们，也可以适当地请教心理专家，用理解的心态逐步解决问题。

3.与孩子交流忌从学习入题

同孩子交流，家长不要老以学习成绩入题，这样只会让孩子心有压力，怀疑家长交流的动机。交流时，家长可以从家事入手，将孩子的情绪稳定下来后，再谈正事。

4.孩子的叛逆也可以预防

为了不让孩子出现逆反情绪，您需要从小就和孩子建立良好的亲子关系，积极和孩子进行沟通。在和孩子沟通时，最好以朋友的方式，将孩子当作一个独立的个体尊重。

总之，青春期是人生的关键期，需要家长多些关心。但家长要保持平静心态，了解孩子成长的发展规律，更多帮助孩子解决实际问题。

青春期的孩子总是认为自己很成熟

在家庭教育中，很多父母认为，好孩子就是要听话。然而，一些父母发现，随着孩子年纪的增长，他们到了青春期后，好像变了一个人，以前父母说什么就是什么，现在他们喜

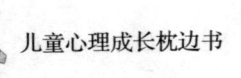

欢和父母唱反调，而且，他的口头禅是"我长大了"。的确，"认为自己很成熟"就是青春期孩子的心理特征。当孩子进入青春期时，他的身体发育加快、思维成长到一定完善程度时，开始思考自我，思考人生，他们急切地想脱离父母的管制，想独立起来，而此时，无论家长说什么，他们都觉得"多余"，家长说什么都不听，对家长的建议不加思考地一律做否定回答。这就是叛逆！

所以，大部分青春期的孩子都认为：长大的孩子，就不应该再听父母的话了，否则就是不成熟和没长大的表现。对此，家长一定要加以引导，让孩子正确认识是否该听父母话。

张太太是一名老师，她的儿子叫小文，按理说应该非常懂得如何教育孩子，可是最近一段时间，她在教育自己儿子上，却遇到了很大的麻烦。

小文是一所名校初二年级的学生，前几天，小文的班主任打电话给张太太，张太太一接电话，就知道是儿子在学校的事情。班主任说，小文最近学习情绪不大好，成绩下滑很厉害，而且，学习劲头很不足，希望张太太能多关心和帮助孩子。听到班主任这么说，张太太自己也很伤脑筋，她说："其实，我也很纳闷，照理说，小文一直都很听话，可是不知从什么时候起，儿子根本就不愿意和我说话，一回家就躲进自己房间。有一次，我实在看不下去，就跑到他房间去问他在学校的学习情况，他竟然把我推出房间了。"

第06章　理解孩子的逆反心理：谁的青春不叛逆

在张太太的印象中，儿子一直是个乖巧的孩子，"他小的时候很听话，学习也很努力，自己考上了这所名校，当时我和他爸爸都觉得很骄傲。可自从上了初中，听话懂事的孩子变了，问什么都不说，还总嫌我烦。成绩也不如以前了，眼看着就要上初三，他现在这样的学习状态可怎么办？孩子爸爸工作很忙，平时都只有我一人管孩子。但我的工作压力现在也很大。"

听到张太太的烦恼后，班主任答应自己亲自开导小文。当班主任老师问小文为什么变得不听话的时候，小文的回答让张老师吃了一惊："我都十四岁了，再听父母的话，会被同学们笑话是长不大的孩子。"

可能很多家长都和张太太一样，对孩子的突然不听话感到莫名其妙。于是，他们总是在问孩子，把自己的想法说给孩子，责问孩子，但是孩子究竟在想什么，最近的心理状况是什么。他们往往没有关注到，其实这是青春期孩子的叛逆心理正常表现。

那么，面对孩子的这一心理特征，我们该怎么做呢？

1.不要让孩子盲目听话

童话大王郑渊洁说他从来没有对自己的孩子高声说过一句话，也从来没有说过"你要听话"。"因为我觉得把孩子往听话了培养那不是培养奴才吗？"因此，对于孩子不听话的原因，你不妨告诉孩子："爸妈并不是要你盲目地听我们所说的

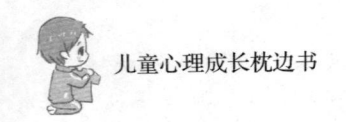

每一句话，什么都听话的孩子就是庸才。"这样说，会很容易让孩子感受到父母对自己的理解。

2.鼓励你的孩子有自己的思维方式

你不妨告诉孩子这样一个故事：

一位幼儿教育专家到国外看到一个幼儿用蓝色笔画了一个"大苹果"，老师走过来说："嗯，画得好！"孩子高兴极了。这时中国专家问教师："他用蓝色画苹果，你怎么不纠正？"那个教师说："我为什么要纠正呢？也许他以后真的能培育出蓝色的苹果呢！"

其实外国教师或家长这样容忍孩子"不听话"是有道理的，它可以保护孩子的想象力，激发孩子的创造力。

同样，青春期的孩子，他们也有自己独特的思维。作为家长的我们，如果用成人的思维方式对他们粗暴地干涉，就会扼杀他们的想象力和创造力。

3.给孩子一个行为标准

这个行为标准的制定必须是在和孩子已经站在统一战线的前提条件下，也就是孩子认可有时候父母的话是正确的。

此时，你应该告诉孩子一个原则，一个标准。在这个标准下，他知道什么东西去执行，什么东西坚决反对，掌握好这个度就可以了。不是不管他们，而是怎样合理地管的问题。

因此，综合来看，对于青春期孩子不听话这一问题，我们一定要辩证地看，我们不需要培养那种盲目听话的"乖孩子",因为"乖孩子"真正成为社会精英、业界尖子的不多,他们大多在一般劳动岗位上工作。当然,并不是说"不听话"的孩子就一定聪明,出尖子。孩子的"听话"应更多体现在生活规矩、行为道德上,而青春期孩子天性叛逆,有自己的想法,父母应做出正确的引导,用在学习和对待事情上。

孩子总是精神不集中怎么办

艳艳今年13岁,是个很懂事听话的女孩,但最近,她因为心里的苦恼而求助于心理医生。

在心理医生那儿,艳艳敞开心扉地说出了自己的想法:"因为老师器重我,所以只要市里,区里或学校里有竞赛活动,不管是什么竞赛,老师都要选派我去参加。为此,我的学习负担十分沉重,我要比其他同学付出更多,我感到精神压力很大,简直不堪重负。老师当然是一片好心,我也认为应当对得起老师,因而深恐竞赛失利,对各科的学习都抓得很紧很紧。妈妈也一直以我为荣。

有天晚上,我正在背书,强记第二天竞赛科目的内容。但那天刚好是爸爸请同事吃饭的日子,他们喝酒,猜拳行令的声音很大,吵得我无法看书。我又急又气,心中烦躁至极。就是从那个时刻,我心头产生了强烈的怨恨:一恨老师总让我

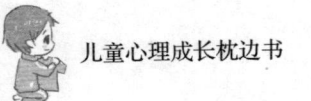

参加各种竞考，使我疲惫不堪；二恨爸爸请客，扰乱了自己的复习；三恨母亲不该让我读什么市里的重点中学。在这种焦虑怨恨的情绪状态下，我一夜也没睡着，第二天在考场上打了败仗。而且从此就经常失眠、多梦，梦中总是在做数理的竞赛题，要不就是梦见在竞赛时交了白卷。而且，我开始上课集中不了精神，总是开小差，考试成绩也一次比一次差。为此，我很苦恼，我该怎么办？我还要参加中考呢？"

艳艳的这种情况属于青春期焦虑症。焦虑症即通常所称的焦虑状态，全称为焦虑性神经病。

那么，什么是青春期焦虑症呢？焦虑症是一种具有持久性焦虑、恐惧、紧张情绪和植物神经活动障碍的脑机能失调，常伴有运动性不安和躯体不适感。发病原因为精神因素，如处于紧张的环境不能适应，遭遇不幸或难以承担比较复杂而困难的工作等。

焦虑症的病前性格大多为胆小怕事，自卑多疑，做事思前想后，犹豫不决，对新事物及新环境不能很快适应。

处于青春期的孩子向来是焦虑症的易发人群，他们的生理与心理都处于人生的转折点。许多孩子在这一期间，会变得异常敏感，情绪不稳，由于身心都没有发育成熟，往往无法正确排解自己的不良情绪，青春期焦虑症就是一种常见的心理疾病。

青春期是人生的转折点，身体上的变化也给孩子的心理带来一些冲击，他们会对自己的身体产生一种神秘感，甚至不知所措，他们可能因此自卑、敏感、多疑、孤僻。青春期焦虑症会严重危害孩子的身心健康，长期处于焦虑状态，还会诱发神经衰弱症，因此必须及时予以合理治疗。下面介绍几种常用的自我治疗方法：

1.自我暗示

自我治疗和心理暗示是治疗青春期焦虑症的最有效的方法。

孩子在日常的学习和生活中，不免会遇到一些不愉快的事。这时，你应暗示自己树立自信，正确认识自己，相信自己有处理突发事件和完成各种工作的能力，坚信通过治疗可以完全消除焦虑疾患。通过暗示，每多一点自信，焦虑程度就会降低一些，同时又反过来使自己变得更自信，这个良性循环将帮助你摆脱焦虑症的纠缠。

2.分析疗法

事实上，青春期孩子的焦虑很多是由于曾经发生过的事带来的情绪体验，从而影响到潜意识。因此，要想这些被压抑的潜意识消失，我们要帮助孩子学会自我分析，分析产生焦虑的原因，或通过心理医生的协助，把深藏于潜意识中的"病根"挖掘出来，必要时可进行发泄，这样，症状一般可消失。否则，你会成天忧心忡忡、惶惶犹如大难将至，痛苦焦虑，不知其所以然。

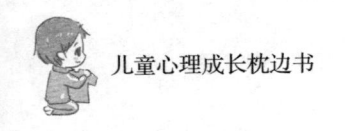

3.深度放松疗法

焦虑症通常伴有紧张的情绪,学会自我放松,也是治疗这一病症的重要方法。如果你能够学会自我深度松弛,就会出现与焦虑中所见相反的反应,这时其身体是放松的而不是为某些朦胧意识所控制。

自我深度松弛对焦虑症有显著疗效,如:你在深度松弛的情况下去想象紧张情境。首先出现最弱的情境,重复进行,你慢慢便会在想象出的任何紧张情境或整个事件过程中,都不再体验到焦虑。

4.转移注意力疗法

焦虑症发病时脑中总是盯紧某一目标,然后胡思乱想,坐立不安,痛苦不堪,此时患者可采用自我刺激,转移注意力。如在胡思乱想时,找一本有趣的能吸引人的书读,或从事自己喜爱的娱乐活动,或进行紧张的体力劳动和体育运动,以忘却其苦。

5.药物治疗

在自我治疗无效的情况下,可在医生的指导下服用相应的药物,但要注意药物的副作用,避免药物依赖性。

青春期焦虑症对孩子的学习、生活、人际交往等都产生了十分消极的影响。作为父母,如果你的孩子也总是注意力不集中,那么,他很有可能也有焦虑症,对此,你要引导孩子尽早从焦虑的阴影中走出来!

青春期叛逆期的孩子总是心浮气躁，怎么办

作为父母，我们都知道，青春期是个半成熟的阶段。处于青春期的孩子，总是今天想这样，明天想那样，我们父母也总是为此教训孩子。但其实，这是青春期孩子的特有的浮躁心理，当然，浮躁是孩子成长路上的大敌，比如，有的孩子看到歌星挣大钱，就想当歌星；看到企业家、经理神气，又想当企业家、经理，但又不愿为了实现自己的理想努力学习。还有的孩子兴趣爱好转换太快，干什么事都没有常性，今天学绘画，明天学电脑，三天打鱼两天晒网，忽冷忽热，最终一事无成。

作为孩子成长路上的领路人，我们父母有义务引导孩子梳理浮躁情绪。接下来，我们看看这位妈妈是怎么做的：

周六晚上，吴太太在小区花园散步，遇到了郑女士急急忙忙往外走，她问："您这是往哪儿赶啊？"

"去接苗苗啊，他在架子鼓班学架子鼓，大晚上的，我去接一下。"

"怎么是架子鼓？前几天听您说，苗苗在学钢琴啊？"

"哎，您就甭提这茬了，这孩子，一天一个花样，今天想学这个，明天想学那个，我都被弄糊涂了。"

"孩子到了青春期，心很浮躁，您得帮助孩子克服啊，不要孩子想学什么就是什么，这样没有目的地学，哪里能学得好？"

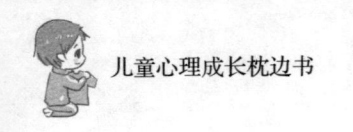

"你说得对，我原本还以为这是孩子的兴趣所在呢……晚上我去找你，我先去接苗苗了啊……"说完，郑女士就急急忙忙地走了。

的确，青春期的孩子似乎心灵深处总有一种茫然不安，让他们无法宁静，这种力量叫浮躁。"浮躁"指轻浮，做事无恒心，见异思迁，心绪不宁，总想不劳而获，成天无所事事，脾气大，忧虑感强烈。浮躁是一种病态心理表现，其特点有：

（1）心神不宁。面对急剧变化的社会，不知所为，心中无底，恐慌得很，对前途毫无信心。

（2）焦躁不安。在情绪上表现出一种急躁心态，急功近利。在与他人的攀比之中，更显出一种焦虑不安的心情。

（3）盲目冒险。由于焦躁不安，情绪取代理智，使得行动具有盲目性。行动之前缺乏思考，只要能赚到钱违法乱纪的事情都会去做。这种病态心理也是当前违纪犯罪事件增多的一个主观原因。

为了改变孩子的浮躁心理，父母应指导孩子注意以下问题：

1.引导孩子树立长远志向

父母在帮助孩子树立远大理想时，要注意两点：

一是立志要扬长避短。有的孩子立志经常不考虑自身条件是否可行，而是凭心血来潮，或看到社会上什么挣大钱，就想做什么工作。这种立志者多数是要受挫的。父母应该告诫孩子，根据自己的特点来确立目标（最好和孩子一起分析孩子的

特点），才会有成功的希望，千万不要赶时髦。

二是立志要专一。俗话说："无志者常立志，有志者立长志。"父母要告诉孩子立志不在于多，而在于"恒"的道理。要防止孩子"常立志而事未成"的不好结果的产生。正如赫伯特所说："人不论志气大小，只要尽力而为，矢志不渝，就一定能如愿以偿。"

2.重视孩子的行为习惯

一是要求孩子做事情要先思考，后行动。比方出门旅行，要先决定目的地与路线；上台演讲，应先准备讲稿。父母要引导孩子在做事之前，经常问自己这样一些问题："为什么做？做这个吗？希望什么结果？最好怎样做？"并要具体回答，写在纸上，使目的明确，言行、手段具体化。二是要求孩子做事情要有始有终。不焦躁，不虚浮，踏踏实实做每一件事，一次做不成的事情就一点一点分开做，积少成多，积沙成塔，累积到最后即可达到目标。

3.用榜样教育孩子

身教重于言教。首先父母要调适自己的心理，改掉浮躁的毛病，为孩子树立勤奋努力，脚踏实地工作的良好形象，以自己的言行去影响孩子。其次，鼓励孩子用榜样，如革命前辈、科学家、发明家、劳动模范、文艺作品中的优秀人物以及周围的一些同学的生动、形象的优良品质来对照检查自己，督促自己改掉浮躁的毛病，教育培养其勤奋不息、坚忍不拔的优良品质。

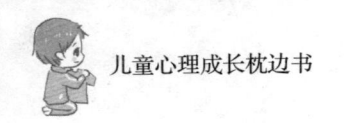

另外，在日常生活中，父母还应采取一些措施，有针对性地"磨练"孩子的浮躁心理。如指导孩子练习书法，学习绘画，弹琴，解乱绳结，下棋等，有助于培养孩子的耐心和韧性。此外，还要指导孩子学会调控自己的浮躁情绪。例如，做事时，孩子可用语言进行自我暗示，"不要急，急躁会把事情办坏""不要这山看着那山高，这样会一事无成"，"坚持就是胜利"。只要孩子坚持不断地进行心理上的练习，孩子浮躁的毛病就会慢慢改掉。

青春期孩子为何情绪如此多变

不少父母反映，孩子到了青春期后，就变得难以捉摸、情绪阴晴不定了，一会儿开心，一会儿闷闷不乐，其实，这与青春期孩子的情绪特点有关。这些特点包括：

一是情绪体验迅速。也就是说，这时期的孩子很不稳定，情绪来得快、去得也快。

二是情绪活动明显呈现两极性。他们的情绪活动很容易由一个面转换到另一个面，甚至由一个极端走向另一个极端。

三是情绪反应强烈。在情绪冲动时，理智控制作用减弱，很容易做出不计后果的过激行为。

孩子到了青春期，情绪变化得会更快。青春发育期作为一生中迅猛发育的时期，形态、生理、心理都在急剧变化，特别是生殖系统的突变，会给青春期的孩子带来不少暂时性的困难。同时，他们要求独立的意识也随之加强。于是，这时孩子会像一匹脱缰的野马，那些情绪也随之四处乱撞。可能刚刚那个那么活泼开朗的孩子一下子就变得闷闷不乐、喜怒无常、神神秘秘了。

杨先生在一家私企当主管，手下管着几十个人，所以，工作很繁忙，免不了回到了家还带着在单位工作的情绪。

这不，他回家看见妻子还在看电视不做饭，就有点不高兴了："小磊一会儿回来饿了怎么办？你怎么不做饭？"

"我怕我做饭了，你们父子俩又不合意，那不找骂吗？"妻子一脸委屈的样子，他也就没说什么了。

"爸妈，我饿了，怎么还不做饭？"这时，小磊正好回来了。看见爸妈没做饭，不高兴了，一把把门摔上，看自己的书去了。

"这孩子怎么了，现在怎么脾气这么坏了？小时候可不是这样，越长大越不好管了啊？我去跟小磊评评理，这是什么态度？"杨先生很是生气，正想冲进孩子的卧室，教育孩子一下，被妻子一把拉住。

"孩子这个年纪，情绪不稳定是正常的，我们大人也不例外，你刚刚回家，不也是这样吗？我们要理解呀……"杨先生觉得是这么个理儿，火也就消了。

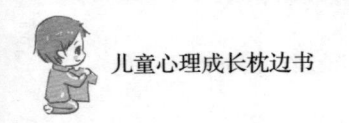

孩子长大了，很多父母知道为孩子增加丰富的食物营养，却不太注意这个时期的孩子内心世界的变化和需要，对于孩子多变的情绪，也无从理解，这最终导致孩子与自己的距离越来越远，也会很容易产生父母子女关系的对抗，很多孩子发出感叹："为什么爸妈不理解我？"

因此，当孩子进入青春期以后，作为父母的，就要体贴和帮助孩子，要对孩子身心发展的状况予以留意，对他们某些特有的行为举止要予以理解并认真对待。认识到青春期的特点、理解他，才能和孩子做朋友，帮助孩子度过这个"多事之秋"！

那么，作为父母，当你们对孩子的情绪予以理解以后，又该怎样帮助孩子顺利梳理好情绪呢？

1. 做好表率，在生活中多寻找情绪的出口

家庭气氛的融洽与否，直接关系到青春期孩子的情绪自我控制能力。如果在一个家庭中，父母动不动就大发雷霆，或者父母脾气暴躁，那么，是培养不出一个自我情绪控制良好的孩子的。因为父母解决问题的方法、对他人的态度就会潜移默化地影响孩子，孩子从他们身上接纳的是消极的处事策略，久而久之，好发脾气、我行我素等不健康的个性就会在孩子身上显现。所以，在家庭教育中，父母要想成为孩子的朋友并用自己的言行积极地影响他，就必须首先改变自己，当您要发脾气之前想想身边的孩子，控制住自己，换一种方式解决问题，也为自己找个情绪的出口；当您的脾气难以克制，已经发出之后，

对身边的孩子说声:"对不起,爸爸错了!"

2.告诉孩子"降温处理法"

作为父母,当你的孩子产生情绪后,你不妨先不理他,这既可以让你自己先冷静下来,也给了他一个考虑的时间,避免了在气头上把本想制止他不听话的行为变为"不信我就管不了你"的较量和在他身上发泄怒气,也不给他因"火上加油"造成继续发作的机会。

其实,这是一种心理惩罚。他会发现,自己的这种情绪完全是没有道理的。当孩子的情绪"温度"被降下来以后,你再告诉他你这样做是为了不让他冲动,然后让他也学会这种情绪调节的方法,以此帮助他提高自我制约能力。

3.培养孩子理智的个性品质

每个孩子与生俱来都有着不同的个性特点,但不管哪一种个性的形成都是一个渐变的过程。有些孩子把什么都挂在脸上,做事冲动,情绪易怒等,如果父母对于孩子的这种个性品质听之任之,那么,孩子就会把父母的容忍当成武器。而如果父母在生活中能够对孩子晓之以理,让他从各个方面了解做事情绪化的危害,那么,孩子也就能慢慢学会控制自己的情绪,逐渐变得理智、成熟起来了。

以上是几个简单的能帮助青春期孩子调节情绪的方法。总的来说,父母和孩子做朋友,用理解、劝导的方式来指导他们,他们一定可以快些度过这一情绪多变期!

第 07 章

家庭与儿童心理成长：家是孩子心中最重要的地方

我们任何人都是从家庭走出来的，父母是孩子的天，家庭的环境、父母的态度会直接影响孩子的成长，所以，家长想要正确的引导孩子走向成功还是要有正确的做法。然而，我们发现，不少家长在教育孩子的时候总是按照自己的意愿，控制孩子的思想，一旦孩子做得不好，就冷暴力对待、甚至体罚孩子，其实这都是家长教育孩子的心理误区。相反，我们只有给孩子足够的爱，相信孩子，孩子才不会辜负我们的期望，朝着积极健康的方向发展。

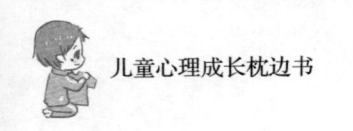

体罚对孩子的成长好吗

在孩子成长的过程中，我们发现，孩子总会犯这样那样的错，对此，可能很多父母相信棍棒比说教更能让孩子牢记错误，当孩子犯错的时候，采取严厉的惩罚措施，甚至有体罚。体罚正是中国家长对孩子常用的方式，包括打揍、罚站、面壁等。由于体罚总伴随着家长的情绪爆发，容易使孩子产生逆反心理或委屈情绪，甚至导致自信心的丧失，这对于孩子的成长极为不利。其实，"牢记错误"不是重点，"改正错误"才是目的。家长不妨温柔地对待孩子的错误，用正确的方法引导，不仅会让孩子意识到自己的错误，还增强了孩子勇于发现错误的信心和勇气。

事实上，中国素有"棍棒底下出孝子"的说法，并且，我们很多人小时候都曾被父母打过。如今，体罚仍被广泛用于对付那些任性的孩子。那么，体罚对孩子的成长真的好吗？

北京大学儿童青少年研究所的陈晶琦博士是国内较早研究体罚和人格发展的学者。她在对北京某大学的学生调查中发现，56.3%的学生16岁前曾经历过羞辱、体罚、挨打、限制活动等，其中18.9%有过严重挨打的经历。这些数据说明，我国家长对自家孩子进行体罚的问题比较常见。而且这些儿童期有严重躯体情感虐待经历的学生,其敏感、抑郁、焦虑、敌对、恐怖、偏执等症状的发生率明显高于无儿童期躯体情感虐待经历的学生。

目前的研究较多地证实了体罚与儿童成长后的心理和人格之间的密切关联。其实,儿童非常聪明,在遭受过体罚后,为了不再受体罚,他们往往会采取措施逃避体罚,从而开始撒谎,或者掩饰来逃避父母对自己行为的了解,这也可能破坏亲子关系,加大父母与其孩子沟通的困难。国外的行为医学专家通过调查发现,遭受体罚等惩戒的儿童长大后,其婚姻和家庭生活很可能不和谐,他们不能很好地养育自己的子女,甚至忽视对自己下一代的培养,如此恶性的循环,将会造成不可弥补的家庭和社会问题。

另外,儿童的成长过程中,如果与父母、老师的关系处理不当,很有可能造成两败俱伤。儿童成长是一个不断寻求自我认同的过程。据美国著名心理学家埃里克森的理论,如果青少年感到他所处的环境剥夺了他在未来发展中获得自我认同的种种可能性,他就会以惊人的力量抵抗周围的人和环境。如果寻找不到自我认同的感觉,他们宁愿做一个"坏人",或者干脆"死人般地活着";而如果对自己有了认同感,知道自己是谁,他们就会有一种安定的感觉,并能够明确未来的方向,健康成长。

美国研究人员近日在一份报告中说,体罚可以有效纠正孩

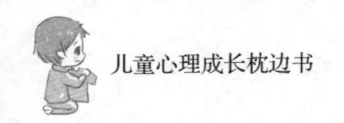

子的某些不良做法，但它有可能使孩子成人后有进攻甚至虐待倾向。纽约哥伦比亚大学全国贫困儿童中心的心理学家伊丽莎白·盖尔绍夫经长期研究发现，体罚可能产生10种不良行为，如易进攻、反社会和成年后对子女及配偶滥用暴力等。她说，体罚并不一定与敌视或暴力倾向相联系，具体情况则根据不同父母有所不同，即体罚的使用频率、强度以及父母动怒程度或是否与其他教育方式结合使用等。她说，体罚并不是最好的教育方式，因为它不能教会孩子辨别对错，虽然当父母在场时孩子循规蹈矩，但是当孩子确信能够逃过惩罚时还是会肆意妄为。

父母是孩子接触时间最早也是最多的人，对孩子的问题行为发现也最敏感。根据以往的研究结论，在幼儿时期，孩子很多行为的发生主要是为了吸引父母的注意，这是需要关爱和关注的表现，父母应该在平时与孩子多做沟通，采取正面的和鼓励的方式，强化儿童良好的品质。对错误的行为也不能仅仅进行惩罚，而应该告知这些错误行为的危害，以及正确的做法是什么。

现在大部分父母缺乏心理健康方面的基本知识，不了解儿童的心理特点和心理需求，也就无法从儿童的角度考虑问题。所以，父母有必要学习一些心理发展的知识，对儿童各个阶段的行为方式有所了解，才能正确对待。李晓巍举例说，幼儿由于其行为社会化刚开始，动作发展也未成熟，所以可能习惯性地拍打了同伴，但他们是为了引起注意，从而进行交流。但这

第07章 家￼与儿童心理成长：家是孩子心中最重要的地方

样的动作在父母眼里很可能￼是侵犯性的"击打"。

李晓巍补充说，一些仅仅￼为了吸引注意的无谓行为，父母可以通过忽视的方式进行对待￼孩子在几次尝试而没有达到目的之后，自然会放弃这一行为。￼果真出现严重的情绪困扰或行为问题，就有必要寻求专业心理￼句人员的帮助。

不要把孩子当成实现自己未完成理想的工具

我们不得不承认，每一个父母，都对自己的孩子抱以殷切的期望，这种期望，多半还和自己的经历、梦想有关系。比如，有的家长没有上过大学，他便希望孩子无论如何都要上大学；有的家长曾经在艺术的道路上因为外在原因没有闯出一番成就来，他便希望孩子能继续走自己没走完的路；也有一些家长，自打孩子一出生，他们就为孩子定了一条人生之路……而很多时候，这些家长并没有征求孩子的意见，也不问孩子是否愿意。一些听话的孩子自然会遵从父母的愿望，但多半时候，却造成了孩子的逆反情绪。这就是心理学中"代偿心理"在家庭教育中的反映。因此，我们教育孩子时，一定要避免"代偿心理"对孩子的伤害。

那么，什么是"代偿心理"呢？

生活中，有些人当自己的理想无法实现时，便开始为自己

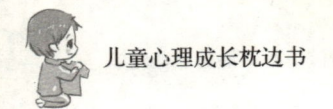

积极寻找一个新的"理想代言者",这一对象多半是他们的子女,也就是说,他们希望自己的孩子能帮自己完成某一心愿或理想。实际上这是一种自欺欺人的心理。他追求的目标并未重新设立,只是为自己找了个替身,即使这个替身真的为自己实现了理想,那么,这也只是一种假象而已。这就是"代偿心理"。

事实上,我们必须承认的一点是,很多家长都把"代偿心理"运用到了亲子教育中。他们在教育孩子时很少考虑到孩子的感受,而是把孩子当成了实现自己理想的工具。他们在自己成长的过程中,因为种种原因而未能实现自己的愿望,为此,他们便把希望寄托在孩子身上,希望孩子能够实现这些愿望。我们来看看下面这位母亲曾经是怎么教育孩子的:

"我曾经是一名芭蕾舞表演者,曾经获得过很多奖项,但就在我二十岁那年,我在表演的过程中,我从舞台上摔了下来,自打那次之后,我再也不能跳舞了。为此,我哭过很多次。

生了女儿丹丹之后,我发现,我的理想并没有破灭,我可以培养我的女儿。但丹丹实在太不听话了,也似乎根本对这项艺术提不起兴趣来。

在她五岁的时候,我就为她买了很多芭蕾舞鞋。到她七岁的时候,我就带着她去见最好的芭蕾舞老师,然后为她报名,每周两次课,每次300元。但小家伙实在让我失望了,她有着她爸爸的基因,七岁的她已经开始比其他女孩胖很多了,根本

无法跳舞。

其实，丹丹在一开始就告诉我，她不喜欢跳舞，她喜欢画画，但我仍然一厢情愿地强制孩子非学不可。半年过后，孩子仍然没有兴趣，也学无所成，我也没了热情。现在，看着那些买来的芭蕾舞鞋，我只能叹气。"

事实上，有过这样经历的家长肯定不在少数，当孩子还小的时候，他们对我们的安排并没有反抗的意识，但到他们长大后，他们有了自己的想法。我们曾经自以为强大的"权威"，会受到来自孩子的强烈挑战，严重地影响亲子关系。因此在教育孩子时，家长一定要考虑孩子真实的心理需求，不要因为"代偿心理"，将自己的意志强加在孩子身上。

当然，其实家长有"代偿心理"也是可以理解的。谁不希望子女能替自己了却心中的夙愿呢？只是家长在教育时一定要方法得当。为此，我们必须要调整自己的心态。

你要记住，孩子也是独立的个体，而不是我们的私有财产。

因此，即使你曾经的梦想没有实现，你也不可把自己的愿望强加给孩子，而应该先问询孩子的意见，如果他愿意继承你的衣钵，那固然好，如果孩子不愿意，也不可强迫孩子，孩子毕竟是一个独立的人，让孩子选择自己的兴趣爱好，能培养孩子独立自主的能力。

再者，孩子也需要自己的空间。

教育孩子时，涉及原则的问题一定要坚持不让步，但其他

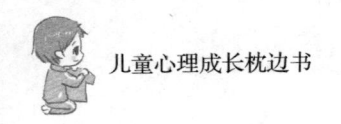

小事没必要太较真。给孩子足够的空间，孩子会做得更好。

作为家长，在曾经的人生中，必然存在一些遗憾，但孩子并不是你的私有财产，你的梦想，他没有义务为你实现。只有放手让孩子自己做主，他们才能获得人生的经验。所以，在你确定孩子可以承担时，给孩子一些决定权，让他尝试按照自己的想法去做。总之，只有给孩子信心，给孩子机会，孩子才会越来越优秀。

家庭环境对孩子的成长极为重要

不得不承认，我们每个人从呱呱坠地开始，就开始归属于一个家庭，家庭也为我们的性格打上了最初的烙印，这是人出生后最初的教育场所。父母的性格、父母的教育方式、教育观念，在家庭中所处的位置以及所扮演的角色等对一个人性格的最终形成有非常重要的影响。从这个意义上说，家庭环境对孩子的成长尤为重要。

形形原本出生在一个富足的生意人家庭，父亲经营着一家规模相当大的公司，母亲是一位钢琴家，形形从小酷爱钢琴，也许这是母亲的遗传基因。但形形十岁那年，父亲不幸车祸去世，祸不单行，父亲留下的财产也被生意对手用奸计抢走，流落街头的母女被一个铁匠收养，为了孩子有个家，形形的母亲

不得不嫁给了铁匠。可是因为铁匠的名声很差,生意也很差,没有经济保障,彤彤对钢琴的爱好即将化为灰烬。

母亲拼尽全力去抚养女儿,她希望能给彤彤最好的教育,还送女儿去学习钢琴。彤彤非常喜欢弹琴。可是继父总会出言讥讽她,说女孩学这些都是白花钱,没有任何意义。但因为母亲一直争取,所以也就勉强允许彤彤去上课。

可是铁匠的牢骚越来越多,他的手艺也越来越不受欢迎,生活每况愈下,他也就更多地沉浸酒海之中,每当他外面受委屈,彤彤和母亲就成了他的出气筒。后来为满足自己喝酒的欲望,他断了女儿的抚养费,让年仅10岁的女孩自己出去赚钱。母亲心疼孩子,就拼命在外面做苦工,好让彤彤可以重回课堂。而彤彤却变得越来越忧郁,她不愿意看到母亲受苦,自己也去帮亲戚干活赚点生活费。她受尽亲戚的欺凌和侮辱,再加上实在看不惯继父的做派,彤彤真的希望自己能变成一个男孩,这样就能承担起家庭的重担。而后来彤彤喜欢上打架,为自己的尊严,她选择使用拳头解决问题,她忘记了自己女孩的身份。有一次,彤彤酒后牢骚时,压抑许久的她拍着桌子大骂起继父来,她的这一举动让她的父母目瞪口呆……

实在无法想象,一个有着艺术细胞的女孩怎么会有如此过激的行为,她的生命蓝图已经脱离原来的轨道,而这一切发生的原因,可以归结为她的生存环境。假如彤彤还是当初那个不必为生活担忧的少女,或许她已经在艺术的道路上有所成就

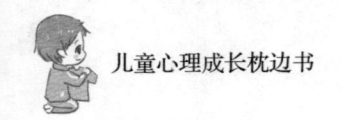

了。所以说，给女孩一个良好的成长环境是让女孩健康成长的关键。瑞典教育家爱伦·凯指出：环境对人的成长非常重要，良好的环境是孩子形成正确思想和优秀人格的基础。这个故事也充分说明了家庭环境对人的性格形成影响之大。

生活中，我们每个人都像一只小船，而只有家庭，才是我们的港湾，它能给我们带来安全感。同样，每一个孩子，也需要这样一个温馨、和谐的家，只有在这样的家庭环境下，孩子才会感觉到轻松、安全、心情舒畅、情绪稳定，有利于孩子形成良好性格。因此，从这一点看，家庭中的父母长辈，也都应该以快乐的情绪生活，并为孩子建立一个温馨和睦的家庭氛围。

为此，我们父母需要为孩子提供一个舒适的生长环境。父母们要记住：所有孩子的优秀品行都不是从天上掉下来的，而是适应环境条件培养出来的。孩子在出生之后，就要尽可能地为他营造一个安静祥和的成长环境，从小使他对生活充满了无限的积极幻想，这样，他们在长大成人之后，才能更有品位地生活。

曾经有专家对一批婴幼儿进行跟踪调查，调查表明，那些生长于和谐、温馨的家庭氛围中的儿童，有这样一些优点：活泼开朗、大方、勤奋好学、求知欲强、智力发展水平高、有开拓进取精神，思想活跃、合作友善、富于同情心。

而另外有一项调查，少管所中，不少孩子是由于父母不和，家中经常吵架，甚至离异，全然无视子女的教育，严重影响了孩子的身心健康发展，致使孩子走上邪路。

那些幸福、温馨的家庭中，成员之间是互相信任的，在这样的环境中成长，孩子终日耳闻目睹，它的感染力是巨大的，潜移默化地使孩子无形中学会了热情、诚实、善良、正直、关心他人等优良性格品质。另外，在这样的家庭环境中，成员之间是互相爱护的，因此，除自己的学习和工作外，有更多的精力关心孩子，有利于孩子的智力开发，知识经验的积累以及能力的提高，为入学后的学习打好基础。

孩子犹如一株嫩苗，在一个和谐的家庭中才能健康地成长。为了孩子，也为了全家的幸福，父母长辈们也应该随时保持好心情，从而为孩子创造一个良好的成长环境。

总之，良好的家庭情感，和谐的家庭气氛可给孩子以良好影响，每一位家长都应从孩子形成优良的个性品质、健康发育成长的责任出发，重视营造一个温馨和睦的家庭环境，以利于孩子成长。

别用家庭冷暴力对待孩子

随着社会的进步，人们的生活水平不断提高，但人与人之间的交流却少了。在我们心灵的港湾——家中同样也是如此，

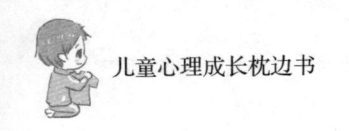

冷暴力的现象越来越多地出现在家庭中。那么，什么是冷暴力呢？

所谓冷暴力，是暴力的一种，它的表现形式为冷淡、轻视、放任、疏远和漠不关心，导致他人精神上和心理上受到侵犯和伤害。有些父母总是用自己的想法来要求孩子，孩子一旦达不到自己的要求便对孩子冷眼相向，不理不睬。孩子犯错时从来不会给孩子温和的言语和笑脸，受到父母的影响，孩子在与人交流的时候也不会太过友好。很多孩子会认为家长对待自己的方式也会是别人对待自己的方式，所以他们会渐渐地疏远所有的人，把自己孤立起来。

俗话说：天下无不是之父母。父母做的每个决定都是为了孩子好，他们无意去伤害他们的孩子，但是有的时候有些决定的后果却不是父母都能预料得到的。有时候面对冷暴力，孩子未必能理解父母的良苦用心。他们只会被这种这种暴力伤害得更深，从而影响亲子之间的交流。

强强是个优秀的男孩，在家里的时候总是很听话，在学校的时候学习很好且一直是"三好学生"称号的获得者。但是最近强强的爸爸却发现强强每次放学都不按时回家了，有很多次甚至是等到天黑透了才回家。

强强的爸爸十分的生气，这天，强强的爸爸觉得自己再不管强强就要学坏了，于是他不管三七二十一就把强强狠狠地批评了一顿，事后也没有给强强解释的机会。一天，强强在茶几

第07章　家庭与儿童心理成长：家是孩子心中最重要的地方

上写作业，他爸爸正在看报纸，突然电话铃响了，是强强的老师。老师跟强强的爸爸说，他们最近搞了一个课外辅导班，成绩好的学生在课后帮助成绩差一点的学生，尽快帮他们提高成绩，强强最近几天之所以回来那么晚不是贪玩，而是在帮助同学。强强很开心地跟爸爸说："爸爸，我没有去玩儿，我是在帮助同学。"强强原本以为爸爸会向自己道歉，但是没想到爸爸说："就你还去帮助别人，你还是得了第一名再去帮助其他的同学吧。"

强强因为爸爸的这些冷嘲热讽开始变得郁郁寡欢，每当他想要帮助同学的时候爸爸冷嘲热讽的话就会从脑海中回响起来。后来，他再也不敢帮助同学了，和同学的关系也开始疏远了起来。而且强强从听到爸爸说"你还是得了第一名再去帮助其他的同学吧"这句话的时候他总觉得爸爸对他不满意。他的心理压力特别大，成绩也受到了影响，和爸爸的关系也越来越僵。

其实，家长想要更好地教育孩子就要及时地跟孩子沟通，及时了解他们心中所想。在自己的心中积极地摒弃冷暴力。只有父母和孩子建立了良好的沟通渠道，父母才能更好地引导孩子。而且父母在向孩子提出更高的要求的时候一定要讲究方法，要比以往更有耐心。不要对孩子使用冷暴力，否则孩子不仅不能达到父母更高的要求，还有可能对自己进行自我封闭。所以家长教育孩子的时候使用冷暴力，就会得不偿失。

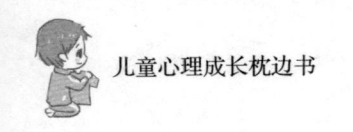

家长在教育孩子的时候使用冷暴力，会让孩子走向心灵南北极。不仅不会达到教育孩子的效果，反而会让孩子觉得与父母没有共同语言，从而影响亲子之间的关系。

父母们，你们了解孩子的无奈和痛苦吗？

1.冷暴力会影响孩子的性格发展

冷暴力会让我们的孩子变得冷漠、孤僻，在学校，他们不愿意与人交流、玩耍，不愿意与人合作，表现得自卑，严重的可产生自闭症。

如果孩子所处的家庭冷暴力很严重，那么，久而久之，孩子内心就会变得越来越冷漠，心理防线很强，不愿意与人分享自己的事情，对待别人的事情也漠不关心，这就是孤僻。孤僻的孩子是无法融入集体的，未来也是无法融入社会之中的，这样的人不可能有很好的发展。

2.冷暴力会扭曲孩子的心灵

如果孩子长期处于冷暴力的生活环境中，久而久之，你会发现，无论你的孩子是男孩还是女孩，都会变得敏感、不轻易信任他人，外表冷漠，内心自卑又缺乏安全感、生活自闭。这对于孩子的成长是极其危险的。

3.冷暴力会影响孩子未来的婚姻家庭生活

如果孩子从小就生活在一个冷暴力的家里面，那么，随着他们年纪的增长，他们最终也会组建家庭，他们就会把自己的一些负面情绪带到以后的感情生活和婚姻里面去，尤其是在自

己遇到争吵的时候,他也会采用冷暴力的方式去解决问题。他们的孩子也会受到影响,这就是恶性循环。

总之,父母教育孩子的方法一定要得宜,如果父母总是对孩子使用冷暴力,那么孩子就不愿意把自己内心的想法告知父母。这样做不仅影响孩子和父母之间的关系还会让孩子患上例如自闭症之类的精神疾病,这一定是广大的家长们不想看见的。

让孩子知道父母永远是他的依靠

人活于世,都需要一种归属感,人们强烈地希望自己归属于某一组织或者个人。而我们最初的需求是感受到来自生育了我们的父母的爱。随着不断成长、与社会的接触逐渐增多,我们的归属感就更强烈。但在与人交往的过程中不免受到伤害,比如被人不留情面地批评,或者感觉被人排斥、压力过大或者精神极度疲劳时,父母要让孩子知道你永远是他的依靠,永远是他的港湾。

在成长的过程中,孩子毕竟是孩子,当他们失意时,需要我们父母的安慰和庇护,而如果我们不能满足孩子的这一心理需求,孩子就有可能到别的地方寻求他人接受并获得归属感。他可能去向那些根本不想取悦他的人寻求庇护,并可能通过危

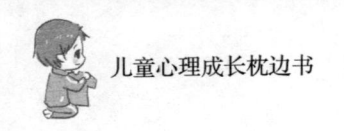

险的非法方式获得乐趣和身份，那么，后果将不堪设想。很多孩子离家出走，误入歧途就是因为得不到父母的认同和慰藉。

那么，家长具体应该怎样去增强孩子的家庭归属感呢？

1. 和孩子保持交流

交流沟通能力在促进人们社交健康、情感健康和个人成功方面起着关键作用。如果父母不与孩子交谈，意味着缺乏兴趣，孩子可能将之理解成对他的忽视。所以，家庭中的沉默会给他的自尊、自我价值感以及他对未来家庭关系的信任带来毁灭性的影响。

孩子在生活中受挫的时候，需要父母的鼓励，否则会导致他严重的受挫感。家长应该接纳孩子的感受，那么，他就可能学会接纳、控制、喜欢或者应对自己的感受。另外，家长也可以帮助他提出要求。比如对他说，"我想你现在很难过，给你一个拥抱，你会觉着好点吗？"这样的话能让他放松地表达自己的想法："我现在心情不好，我来是想得到一些安慰。"

2. 给面临压力的孩子以支持

压力不仅仅困扰着成年人，事实上，孩子面临着双重的压力。一方面，他要承受来自自身生活中的事件，比如欺凌、学业压力和交友问题的压力。另一方面，他还受到心事重重、缺乏忍耐的父母所面临压力的间接影响。面对压力，他们可能比成年人更加迷茫且不知所措。

一位母亲说："我过去认为我孩子挺好的。尽管他孤独了些，但他看起来生活得不错，我的生活也还行。我们之间交谈不多。后来，在进行普通中等教育证书考试的时候，他开始逃避一切事情。如今他不学习，整天关在家里，也不说话。我们的生活真的是一团糟。"

这个孩子的表现就是压力过大造成的。如果你的孩子长时间地难过或者郁郁寡欢，超出了你的预期，或者变得富有攻击性，离群索居或者不愿与人交往，睡眠不安，注意力不集中，或者过分依附他人，这时，他可能正感到痛苦难过，需要你对此采取一些行动，家长必须采取一些慰藉他的行动。此时，你应及时告知他事情的变化及做出的决定，以便他感觉到没有失去控制。保持生活的常规不变，以强化他的安全感。

孩子毕竟是孩子，他们需要父母的精心呵护。只有给予他足够的爱，他才会理解爱的内涵，才会积极健康、乐观向上地成长，这不正是父母所希望的吗？做孩子坚强的精神后盾，他的成长才有保障！

第 08 章

学校与儿童心理成长：别忽视孩子上学时的遭遇和心情

校园是我们的孩子活动时间最长的场所。一些父母认为，只要把孩子送到学校就万事大吉了，其实不然，孩子的校园生活如何，与孩子是否能安心学习、积极健康地成长有着密切的关系，而孩子在学校遇到什么事、心情如何、学习成绩高低等，都是我们应该了解并关心的内容。并且，我们还应配合老师的教导，与老师一起帮助孩子快乐学习、健康成长。

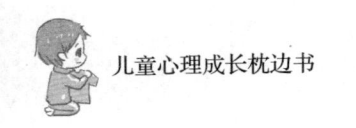

孩子遭遇校园暴力，该怎么办

生活中，我们不少父母认为，孩子只要送进学校，就万事大吉了，其实不然，孩子在学校也不只是学习，还要与老师、同学打交道，还会出现这样那样的一些问题。如果这些问题没有处理好，不仅影响孩子的学习，甚至对孩子的心理成长产生负面影响。在孩子遇到的众多问题中，近几年来最受关注的就是校园暴力。

小芳、小丽和娟娟原本是好朋友。有一天，小芳在娟娟面前无意中说了小丽的几个缺点，从此，小丽就不理小芳了，然后还事事针对小芳。看着只顾和娟娟说笑的小丽，小芳很难过。更严重的是，小丽居然还让一个她在社会上的哥哥带人找小芳的麻烦，有次还打了小芳，小芳不知如何是好。

这里，小芳就是遭到了校园暴力。校园暴力的形式有很多，从辱骂、扇耳光、拳打脚踢，到被迫下跪……近几年，几乎每隔一段时间就会有类似的事件出现，在引发热议的同时，不少家长的心中也产生了困扰：如果我的孩子成了受害者，我应该怎么办？是教育孩子做个"忍者"，还是要让孩子以暴制暴？

教育心理学家发现，容易遭受校园暴力的孩子往往在性格

上缺乏自信，人际交往能力较差，这种性格的形成一般与父母的教育方式有很大的关系。有些父母总是不断批评孩子的缺点而忽视孩子的长处，子女缺少来自他人的欣赏与肯定，长此以往，十分不利于自信心的建立。而校园暴力的施暴方则常常表现出心理失衡的特点，究其根源，同样是因为在成长的过程中难以得到父母的认可，同时，如果孩子长时间生活在家庭暴力中，也很容易成为校园暴力的施暴方。

事实上，如果父母一直重视家庭教育，给孩子一个有利于健康成长的环境，从小培养孩子健全的人格，就能够很大程度上避免孩子遭受校园暴力。而孩子一旦遭遇校园暴力，家长也不要着急，首先要问清事情的来龙去脉，其次要接受孩子的情绪，理解孩子，以孩子的感受为中心。有时候孩子所遭遇的困难恰巧是父母走进孩子内心的契机，而在沟通过程中，如果父母发现孩子存在心理问题，也不要碍于面子不愿承认，应当及时请专业人士进行疏导，以免错过最佳解决时机。

另外，我们也要告诉孩子一些遭遇校园暴力的处理方法：

（1）如果遇到校园暴力，一定要保持镇静，不要惊慌。采取迂回战术，尽可能拖延时间，有勇有谋地保护自己。争取找机会求救。

（2）必要时，向路人呼救求助，采用异常动作引起周围人注意。

（3）人身安全永远是第一位的，不要去激怒对方。

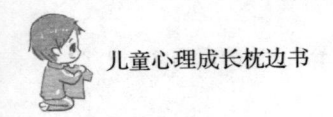

（4）当自己和对方的力量悬殊时，要认识到自己有保护自己的能力，可以通过理智和有策略的谈话或借助环境来使自己摆脱困境。

（5）遇到自己和对方力量相距不是太远时，可以考虑使用警示性的语言来击退对方。但要避免使用恐吓性的言语，以免激发拦截者的逆反心理。

（6）告诉孩子如果遭遇校园暴力事件一定要及时跟家长老师沟通情况，不要在忍气吞声中一个人默默承受身体和心理上的创伤。

（7）如果孩子遇到校园暴力事件后，在心理上出现害怕上学、害怕出门、交友焦虑等情况，需要及时与专业人士交流，从心理层面给予帮助。

（8）孩子遭受暴力后要稳定孩子的情绪，理解和同情孩子。同时家长要抽出时间多多陪伴孩子，给孩子足够的安全感。

（9）知道孩子遭遇校园暴力之后第一时间和学校沟通，了解孩子在校的真实情况，并拿起法律的武器来保护孩子。

预防和应对校园暴力，家长该怎么做？

1.重视与老师、学校的沟通与联系

不少家长忽视与班主任老师的沟通与交流，又很少去观察学校周围情况，因而对孩子上学期间的安全情况缺乏了解。家长可以找机会与孩子同学聊聊天，了解孩子学校是否有校园暴力现象。

2.以预防为主

家长平时可以结合一些常见的校园暴力现象来引导孩子，进行预防教育。

在预防教育中，一定要引导孩子学会分辨事情的对与错，曲与直，不能诱导孩子为了不受欺负而以暴制暴。当然，也要教孩子一些自我保护的方法，让孩子平时有心理准备，遇事能从容处理。

3.孩子遭遇校园暴力时，家长自己先要管理好情绪

在孩子遭遇校园暴力时，家长容易出现激动情绪，甚至不理智的行为。

这时建议家长自己先要平静下来，反思自己是否了解孩子学校的安全情况？是否对孩子做过如何自我保护的教育？是否曾引导孩子分辨校园暴力的严肃后果等。如果是理性的家长，在通过一番分析之后，会根据已有的现实情况，在与打人孩子沟通，通过班主任、学校协调解决，还是通过法律途径等选择中间得出最合适的解决方案。

4.不要盲目指责打人孩子及其父母

如果孩子遇到校园暴力伤害，一定要及时收集相关人证和物证等关键证据。然后，再去找当事孩子了解情况。一般说来，打人孩子或是其家长，面对证据不敢推脱责任，即便是诉诸法律也有理有据。切莫光顾着指责班主任和校方引发对方反感，导致他们不愿意配合与协助解决问题。

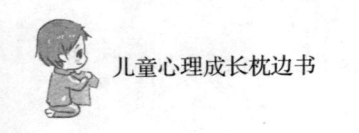

5.建立良好的亲子关系，在日常家庭教育中避免粗暴解决问题的方式

孩子暴力伤害他人，并不是单一现象，与家长的教养方式有密切联系。提醒部分家长，如果你的孩子有欺负别的同学的现象，一定要认真反思，家里是否存在暴力现象？有的孩子是否会因在家里被打而为了发泄自己内心的负面情绪，转而去伤害其他无辜同学？

孩子扰乱课堂秩序、不遵守课堂纪律怎么办

作为父母，我们知道，孩子步入学校后，最重要的事就是学习，而课堂学习是一个师生互动的过程，学生成绩的好坏很大程度上取决于课堂听讲的效果。但很多孩子，一到上课时，就由一个以前上课认真听讲的好学生变成一个"捣蛋虫"，这不仅给老师的教学工作带来困扰，也让很多父母忧心忡忡。很多父母也被老师请到学校，希望能找到一条有效解决问题的途径。

"我真不知道您的儿子是不是有多动症，他这样总是捣乱，我没法上课，也影响了其他同学。希望你回去好好和他沟通下。"一位老师义愤填膺地对某家长说。

"我这个月已经是第五次被老师请到学校了，我儿子上课

第08章　学校与儿童心理成长：别忽视孩子上学时的遭遇和心情

要么不听讲，要么和同桌讲悄悄话，更为严重的是，一次他居然把篮球拿出来，和几个男生一起玩起传球，那个新来的英语老师被气得半死。"一位父亲说。

"我的女儿一点也不像别的女孩那样讨人喜欢，她在班上是个不受小朋友欢迎的孩子，她简直就是班上的'捣乱大王'：老师让小朋友们排队离开教室时，她在地板上爬来滚去地疯；小朋友们聚精会神听老师讲故事时，她推推左边的同伴、拍拍右边的同伴，不停地捣乱；游戏的时候，月月又很霸道，她喜欢的玩具就要独占，不让其他小朋友碰……"

其实，不少老师都遇到过这些不遵守课堂纪律的孩子，只不过有的老师能"镇"得住学生，而有的老师天性温柔，就难免会受一些学生的"不敬"。所以，我们做父母的，除了关心孩子平时的学习成绩，也不要忽略了培养孩子的校园生活，其中第一点就是遵守课堂纪律。

一般来说，孩子在课堂上不能注意听讲大约有三种表现：

一是这些孩子不听讲，但都是"自己玩自己的"。也就是不会影响到老师上课，也不会影响他人听课，但却在座位上做小动作，比如，玩文具、听音乐、看课外书等。

当然，这类孩子不听讲并不是为了让老师生气，而是因为他们根本无法听进去老师上课的内容或者根本听不懂。我们可以认为这是一种学习障碍。

二是自己不听讲，还影响周围其他的同学。这类同学似

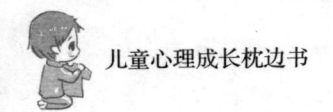

乎永远有说不完的新鲜事，甚至绘声绘色地为周围其他同学讲述。有的同学碍于面子或者同样有话要说，也有的同学是不和别人说自言自语，这就造成课堂学习中的一种噪音，既严重干扰了老师的课堂教学，又严重影响学生的学习效果。

三是一些同学自己不听讲，还在课堂上大声喧哗，甚至随便下座位、打闹，极大破坏了老师的课堂教学及学生的课堂学习，老师经常不得不中止教学维持课堂纪律。

对于这种孩子的这些情况，我们家长要明白，这是极度缺乏教养的，必须要给予干预。要知道，孩子进入学校，就要遵守学校的规章制度，这样，教师的教学工作才能进行。我们要让孩子明白，遵守课堂纪律，是对老师的最基本的尊重。

那么，作为父母，我们该如何协调老师做好孩子的心理调整工作呢？

1.建议老师对孩子进行一些教育方法上的调整

一般来说，学生犯错误，老师都比较厌烦，尤其是那种屡教不改的学生，老师一般都会采取罚站、当众批评、叫家长的方式来处罚他。然而，这时期的孩子已经有了面子问题，这种方法只会加剧孩子的对抗心理，甚至产生厌学情绪。

因此，父母不仅不能接受教师的惩罚方法，而且要建议老师寻找新的解决问题的方法，要给予孩子更多的理解与支持，与其建立良好的沟通。

另外，在教学方法上，可以建议老师让孩子多进行一些自主性学习。课堂教学正发生着"静悄悄的革命",不论是"自主学习""合作学习""探究学习",还是"洋思经验"中的先学后教,"当堂训练"的课堂教学模式等,都在努力探索实践新的教学理念,而这一切又都需要老师帮助学生在课堂学习中拥有一个愉快的心情。

2.不要给予孩子过大的学习压力

作为父母,我们不要过分看重学习成绩,这对于孩子来说是一种无形的压力。很多孩子都有这样一种感受,当他们学习成绩下降,父母常常是老账新账一起算,把孩子学习成绩下降归结到玩得太多、不认真等,甚至骂孩子"蠢""笨"等,这只能导致学生的对抗情绪。在课堂上,他们没有学习的动力,逆反心理会再次使得他们不认真听讲。

总之,作为父母,我们不要认为孩子在学校,就可以放任自流,让老师管教等,任何父母,都必须做孩子情感的依靠,如果你真的能做到理解孩子,让孩子产生情感认知,那么,你会发现,你什么事情都不用做,孩子就会很有礼貌和教养。

孩子在学校被人起绰号欺负怎么办

"我们班里的同学都喜欢给他人起绰号,私底下交流的时候也用绰号代替同学的名字。我从小学到现在他们总是给我取一些诸如'小猪''包公''公公''马猴'等很难听的绰号，每次同学们这样叫我，我的心里总是很不舒服，您说我该怎么办？"一个叫月月的女生在给自己老师的信中说道。

我们的孩子到了学校后，就要与同学相处，他们很关心自己在同学和朋友心中的印象，而绰号给人的感觉是贬义的，其实不尽然，以下是该女生的老师给她的回信：

月月同学：

你好！我能了解你的心情，目前在中小学和大学生中就像你所说的"同学都喜欢给他人起绰号，私底下交流的时候也用绰号代替同学的名字"，他们不仅给同学起绰号，而且还给老师起绰号，我想作为学生的你肯定是再清楚不过的了。这并不是你想象的那样，学生毕竟是在玩耍中的孩子，他们有口无心，给同学乃至老师起绰号觉得说着好玩，所以也就把那些有趣的绰号叫得响亮了起来。我觉得"小猪"可能是说你比较可爱，"包公"可能是你脸上长了"青春痘"等，可能还有其他方面的原因。凡事要往好处想，同学给你起的这些绰号，也可能是受了某部影视剧中的某个人物的影响等，不要把它往坏处想，这样你的心情也就会开朗起来。很多人一辈子都被人用绰号代替，什么"老档""狗崽子""红太阳""大萝卜""大洋马"等，老师就是这样，我曾经也和你一样郁闷，也曾经和同学、和自己赌气，直到成年后才悟出了同学的"有口无心、说着好玩以及有趣"的心理，所以也就想开了。

第08章　学校与儿童心理成长：别忽视孩子上学时的遭遇和心情

如果在你的心里放不下起绰号这件事，实在介意的话，那么你可以选择合适的时间、地点和场合，和颜悦色地对他们说："请你们别这样叫我了，我觉得很受伤害。"如果他们不理睬，那你可以自己调整心态，他们叫绰号的时候不予应答，自己该干什么就去干什么好了。不过不搭理他们的方法不可取，因为人是相互依存的，这样做很有可能让自己陷入孤立之中。其实我觉得还是用"走自己的路，让他们去说吧！"的心态最佳！

从这个老师的回信中，青春期的孩子应该明白，绰号是别人喊的，但怎么做是自己的事情。把心放宽一些，大度一点，说不定还能获得更亲近一些的友谊，这就需要你改变受侮辱的心态，把它看作是同学喜欢你的表现。

孩子的"日常诉苦"项目中，通常少不了这一项——被同学起绰号。

他满是愤怒和委屈地跟你抱怨，说班上的某几个孩子给他起了一个难听的绰号，你除了安慰以外却不知所措。

为什么起绰号这件事如此普遍，它在孩子们的社交中是个什么角色呢？

无论哪个年代，"起绰号"这件事在学生时期都很盛行，有的人甚至有五六个绰号。

通常大致归为两类，一种是没有恶意的，比如因为学习好被叫"学霸"；另一种则比较令人不喜了，特别是以别人的生

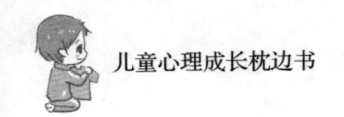

理特点来起的绰号，便带有很强的歧视意味。

一方面可能是因为孩子到了语言敏感期，感受到了语言的力量，加之想象力丰富，就可能依据同伴的一些特点取一些相应的绰号。比如在一个球队里，大家互相的外号就是彼此的球衣号，这是伙伴之间的一种代称，也是充满团队感的娱乐方式。只要言语中并没有不尊重的词汇，孩子们之间玩耍得也很开心，那么这种方式的起绰号就是完全正常、不需要干预的行为。

另一方面，则可能来源于渴望被关注、被认可的内在需要。这个阶段的孩子，再没有什么比叫别人的绰号更能引起注意的了。当他发觉这种方式能够轻易引起别人注意时，他就乐此不疲，别人越是生气愤怒，他就越是会这么做。尽管这个行为非常幼稚，但深层原因还是因为内在需求没有被重视和满足。

所以我们必须明白，孩子被起外号一定不是因为他自己的问题，而是因为孩子们正处于寻求关注、宣示能力感的阶段。

而这一点，与其堵不如疏，需要正确的引导。我们可以教孩子的是应对之道：在那样的情况下，你可以选择默不作声，可以选择和同学理论，可以选择也给他们起外号，可以选择找老师帮忙，也可以选择置之不理"难得糊涂"，还可以选择把他们的话当成空气……

重要的是启发他、引导他，让孩子知道：他有能力去思考、有权利去选择，而不是只能被动反应。

第08章　学校与儿童心理成长：别忽视孩子上学时的遭遇和心情

孩子成绩太差，被人歧视怎么办

调查显示，各国容易发生歧视现象的情形有所不同。中国学生最容易因成绩不好受歧视，经常遭遇此情形的学生比例达24.5%。日本学生因为长相、性别受歧视比例最高。韩国学生因为家庭情况不好受歧视比例最高。美国学生遭受歧视最多是因为长相问题。

这个调查结果表明，很多学生因为成绩太差被歧视，这一点在我们的孩子们身上屡见不鲜。因为成绩差，被人歧视，他们活在父母的指责中，活在老师的鄙夷中，活在同学的嘲笑中，有个女孩子这样回忆自己的初中岁月：

"我小时候不知道学习，很爱玩，虽然爱玩一开始成绩还算理想，但初中成绩开始大幅度下滑，只是因为上课时候不听讲回答不上问题，被同学起外号，被老师体罚，我性格也很内向，从此变得自卑，成绩也一日不如一日。我的父母也不能宽容和理解，打骂也很多，现在想起那个时期真有如噩梦一般。"

这应该是很多成绩差的孩子的共同心声。的确，成绩似乎是评价一个学生能力和人品乃至一切的标准之一，但作为一个孩子，毕竟心理承受能力相对较弱，在这种歧视中，他们开始自卑、堕落、自暴自弃。

作为家长、同学和老师，这种做法是不可取的，那么，我

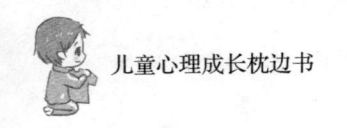

们家长该如何应对呢？

家长如何应对：

第一，找到孩子成绩不好且被歧视的原因。

（1）孩子成绩不好，是什么原因导致的，是家庭教育问题。还是学校的学习环境问题或者是孩子自己对学习没什么兴趣。

（2）孩子在学校为何被同学和老师歧视，是孩子在学校调皮导致老师和同学的不喜欢，还是孩子在沟通、人际网络、社交出了问题或者在学校不尊师重道。

（3）是孩子自身的学习态度不行还是孩子自尊心强，不能受到任何指责。

第二，父母和孩子之间多沟通，以自身的经验说故事，讲自己以前失败、成功的事情或者讲一些名人名事，激励孩子，让孩子学会接受。

第三，加强孩子对人际交往的训练。家长可以多带孩子去参加集体亲子活动，既可以培养孩子和家长之间的融洽关系，又可以学会人际交流，与人沟通，尊重他人。

第四，父母在孩子的成长过程中扮演好四种角色。一做孩子的导师，包容、理解、引导孩子走出阴影。二做孩子的朋友，分担孩子的痛苦与欢乐，陪伴孩子一路成长。三做孩子的榜样，示范给孩子看。四做孩子的啦啦队，分享孩子的每一步成功。

第五，帮助孩子把成绩提高起来。毕竟成绩也能说明一

定的问题，如果成绩一直比较差，会一直影响孩子的成长。所以，家长要注意发现导致孩子学习成绩差的主要原因，对症下药，有针对性地为孩子辅导一下，使成绩得到一定程度的提高，建立孩子的自信。

第六，让孩子培养一个好的学习习惯。好的学习习惯是最好的学习方法，孩子们都很聪明，之所以成绩较差，是因为学习方法不对，学习习惯不够好，因此要从这方面着手。让孩子课前预习，课后复习，及时完成作业等。

第七，我们告诉孩子应如何正确面对别人的看法。我们要告诉孩子，自己更应该努力改变别人对自己的看法，不要因为成绩差，被人歧视，就放弃继续努力和学习，你可以通过以下方法让自己重新被人重视和尊重：

（1）发挥自己其他方面的专长。事实证明，有特殊技艺的孩子更能吸引别人的眼球，更能赢得同龄人的赞扬和崇拜。

（2）与人为善。一个成绩差，但性格美好的孩子不会被人歧视，他接受到的更多是帮助。

（3）努力学习。毕竟任何时候，学习是一个学生的天职，同学和老师以及家长都会看见你的努力，并会伸出援助之手。

总的来说，我们要告诉孩子，即使因为成绩差遭遇别人的歧视，也不应该自甘堕落，而是让这种精神压力成为你学习和努力的动力，和善地和周围的每一个人相处，别人就会改变对你的看法！

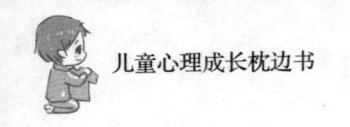

孩子害怕与人交际，怎么办

人际交往是一门学问，是积累人生阅历和培养社会实践能力的重要表现能力之一。童年是培养一个人交往能力的重要时期，然而，很多孩子因为一些心理原因，比如自卑等，害怕与周围的同学交往，把自己的活动限制在一定的范围内，更有严重的，导致自闭症和交往恐惧症，严重影响心理健康。克服这些心理障碍，才能走出交往的第一步。

"我是一个四年级的女孩，年龄还小，平时很胆怯，并且内心自卑。我在一所很好的学校读书，在班里能排前几名。我有两个很好的朋友，她们很优秀，虽然我知道，我没有那样想的必要，可是我毕竟是个学生，我不能不关心学习。我不知道她们为什么学得那么好，甚至有男生喜欢她们，我不明白这到底是因为什么。久而久之，我就不大愿意跟她们甚至是周围人说话了。

现在，大概我已经被同学们遗忘了，我开始看那些我不喜欢的东西，开始看动漫，开始看小说，我的性格开始变得内向。我现在好茫然，我不知道该怎么办，马上就要开学了，怎么办，我已经不知道我该怎么面对学习，面对我的这些同学了。"

教育心理学家认为，每个孩子生下来就具有不同的气质类型，一些孩子因为性格内向，一般不自信，会有点害羞，外向的孩子可能在交往中比较大胆。气质类型没有好坏，只是表明了孩子对待世界的不同方式。但家长一定要注意孩子的心理成长，别把孩子的不自信当成孩子的内向和害羞，一旦发现孩子不自信，就需要根据孩子的特点进行引导，让孩子喜欢交往，擅长交往。但家长也不必担心，这个年龄段的孩子性格可塑性很大，及时正确引导，是完全可以达到预期效果的。

那么，家长具体应该怎么做呢？

1.创设机会，给他与人接触的机会

您可以带孩子参加故事会、联欢活动等，还可以经常带孩子走亲访友，或把邻居小朋友请到家中，拿出玩具、糖果、画报，让孩子慢慢习惯于和别的孩子交往。孩子通常需要安全感，所以起初有家长在一旁陪伴，会让他比较放心。

2.家长多进行积极引导，避免强调孩子的弱点

如果家长朋友说"我的女儿胆子小、不自信、走不出去"，实际上这是在强化孩子的弱点，结果是"胆大"的孩子更"胆大""害羞"的孩子更"害羞"。有的家长会有意无意地说："你看人家妹妹都会打招呼，你怎么都不会说呢？"这样的比较，反而会对孩子幼小的自尊心产生伤害，让他们更加害羞，更加不愿意说话。所以您不要轻易去比较，要相信自己的孩子就是最棒的。

当有其他人问候他时，您可以让孩子自己来回答，不必代替孩子来说。如果孩子不愿意说，您可以进行一些引导，如

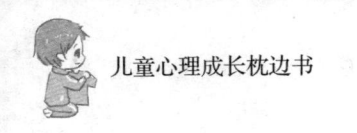

"小朋友跟你问好了,你该怎么回答啊?"当孩子自己与"陌生人"进行交流以后,逐渐就会胆大起来和自信起来。

3.教孩子学会自制

与人相处,难免会因意见不同、误会等原因发生摩擦冲突。而面对摩擦,学会克制自己的情绪,就能达到有效地避免争论、"化干戈为玉帛"的效果。

要想克制自己,就要学会以大局为重,即使是在自己的自尊与利益受到损害时也是如此。但克制并不是无条件的,应有理、有利、有节,如果是为一时苟安,忍气吞声地任凭他人的无端攻击、指责,则是怯懦的表现,而不是正确的交往态度。

4.教给孩子一些交往技巧

这是让你的宝贝逐渐自信起来的最佳办法。您可以教给孩子一些交往技巧。比如:带着有趣的玩具走到其他小朋友的身边,这就能吸引别人的注意;做与其他小朋友一样的动作,也会得到友好的回应;想玩别人的东西,就教孩子说:"哥哥姐姐让我玩玩好吗?"让孩子自己去说,哪怕是您教半句,孩子学半句也好。如果得到了满意的回答也别急着玩,要让孩子学会说"谢谢";如果得不到满意的回答,您可以打圆场,转移孩子的注意力。家长要明白,集体里孩子是一定会经历失败的,父母现在教孩子一些交往技巧,以后孩子独立面对失败时就不会承受不起。

5.及时表扬你的孩子

我们的孩子都是脆弱的,他在交往中迈出的每一步都需要父母的支持与鼓励。当孩子能大胆与其他人进行交往时,及时的表扬会让孩子更加自信,更乐于去与别人交往。

6.让孩子多做些运动

研究表明,无论男孩女孩,运动能够增强孩子的自信心,发展孩子的交往能力。家长也不妨多和孩子玩一些体育运动,如球类游戏、赛跑游戏等。引导孩子学会交流的最好时机是在他进行最喜欢的活动时。一般来讲,在大人与小孩子或者孩子与孩子互动玩乐、运动的时候是孩子最放松的时候,也是引导他与人交流的最好时机。

我们教育孩子,除了给孩子一个轻松舒适的生长环境、优越的生活条件、接受有品位的生活以外,还需要教会孩子如何自信地与人交往,而这需要我们在孩子还很小的时候就对其制定一些交往规矩。要知道,一个落落大方、平易近人的人才能赢得别人的赞同、尊重和喜欢,才不会孤独。

第09章

想成功就是要输得起：孩子，没有人躲得过挫折这一关

儿童教育心理学家指出，对于成长中的儿童来说，挫折是一种珍贵的资源，也是一种人生的财富。的确，只有经历挫折的孩子，才能有更强的意志力、适应能力，才能直面未来的社会竞争。当然，我们的孩子终究还只是孩子，如果他们不能以积极乐观的心态面对挫折，很容易被挫折打垮，这就需要我们家长的引导。父母应引导和培养儿童在不同情境下战胜挫折的应变能力，激发儿童的知识积累和大脑潜能，激发他们探究未知事物的兴趣，提高他们解决问题的能力，并从中获得可贵的人生智慧和坚忍的意志品质。

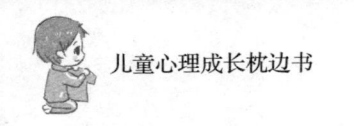

告诉孩子赢得起，更要输得起

曾有人说，越是那些渴望成功的人，越是经受不住失败。这句话是有道理的，我们的孩子也是一样，他们入学后，就已经有了竞争意识，已经明白成功会带来被人敬佩和夸赞的眼光，于是，在这些孩子之间，会形成一个你追我赶的竞争态势。对于这一点，家长要给予肯定和支持，但孩子若是太争强好胜，那么，很容易使得这种竞争心理走向歪曲。比如，他们一旦失败，就会质疑自己的能力，失去自信，回避类似的竞争，甚至一蹶不振，耽误正常的学习、生活。为此，我们一定要让孩子明白，挫折和失败是人生路上的必经课程，赢得起，就要输得起。

小野已经三天没回家了，这让曹先生一家人如热锅上的蚂蚁。小野一直是个很乖巧听话的孩子，她还是学校初三年级的学生会主席，这次怎么突然说不见就不见了呢？

给学校打了几次电话之后，曹先生才了解到，原来前几天女儿代表学校参加了全市初中生英语演讲大赛，而因为紧张，她表现不大好，没拿到奖项。原本女儿打算把这次的奖状当作是自己15岁的生日礼物，但没想到却是这样的结果。曹先生明白，小野一直都很好强，这对她来说无疑是个不小的打击，怪不得女儿会"玩失踪"。后来，曹先生想到一个地方——小野外婆去世前留在农村的老房子。果然，小野就在那里，见到爸爸妈妈，小野哭了，哭得很伤心。

作为家长，我们都知道，每个人都免不了竞争，有竞争就有强弱之分，弱者必须承受得住失败的打击：你在这次竞争中失败了，并不说明你在将来的竞争中注定也要失败；你在这方面的竞争中失败了，并不说明你事事不如人。但我们的孩子并不一定能意识到这一点，尤其是那些争强好胜的孩子，为此，我们必须要告诉他：竞争中应保持心理稳定，避免情绪大起大落。你要克服自卑心理，选好努力的方向，下决心追赶上去才对。自暴自弃的思想要不得。具体来说，我们家长可以这样做：

1.先让孩子宣泄出内心的负面情绪

消极情绪的宣泄，能减轻孩子对比赛结果的担忧，并能较坦然地面对输的结局。因为消极情绪的长期积累，易使孩子产生消极的心境，心境具有持久性和渲染性，它使孩子在这段时间内所看到的一切都带有忧伤的色彩，包括对整个比赛的看法。

孩子和成年人一样，他们也要"面子"，也需要得到众人的尊重。当他做得不好时，你马上指出来的话，有没有考虑场合，考虑他的自尊心呢？在他和其他孩子一起比赛的时候，输了哭了很正常，如果他想哭，千万不可阻止，而应该鼓励：

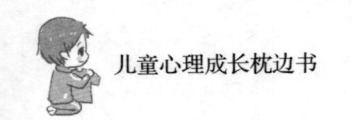

"想哭就哭吧。"另外,如果你的孩子平时爱倾诉,你可以使用"我正在听""你能告诉我吗?"之类的语言引导孩子学会倾诉。当然,所有的建议都是在他情绪稳定的情况下提出来才有效,否则,这将会是一个错误的选择。

2.帮助孩子对输的结果正确归因

一般来说,如果孩子在竞争中不断受挫,且对竞争的归因不当时,便会产生消极情绪。此时,我们要对孩子的归因进行正确引导:孩子输了的时候,不出现"是因为你笨!"之类的评价,避免孩子将失败归因于自己能力差等内部因素,引导孩子在竞争中学会分析自己的能力、任务的难度、客观环境等因素,客观地进行归因。

3.维护孩子的"社会形象"

这能防止孩子"破罐破摔",并为和谐的亲子关系奠定基础。俗话说,"树要皮,人要脸",这对于孩子同样适用。如果你当着别人的面说:"看人家多自觉,你能不能长进点?"你会发现,孩子以后的问题会越来越多,而且越来越不听话。因为你不给孩子留面子。如果你当着老师的面、亲戚的面数落孩子,那情况就更糟了,孩子要么变成可怜的懦夫,要么成为一个偏激者。因此,父母切记:不要在外人面前说孩子太多坏话。否则,你的"抱怨"会毁了孩子的社会形象,也毁了自己在孩子心中的形象。

总之,如果你好胜的孩子失败了,你要告诉孩子,失败并

第09章 想成功就是要输得起：孩子，没有人躲得过挫折这一关

不能代表什么，关键是找出失败的原因、努力的方向！

让孩子明白挫折是成长中最好的礼物

"有志者，事竟成，破釜沉舟，百二秦关终属楚；苦心人，天不负，卧薪尝胆，三千越甲可吞吴。"这句励志名言告诉无数失败的人，失败并不可怕，只要有勇气接受失败，然后从失败中站起来，即使屡战屡败，也会自强不息。而这种承担失败奋起的勇气则需要经历人生的磨炼方能获得。拥有钢铁般的意志，是父母培养孩子成才不可忽视的因素，也是孩子挫折情绪引导的重要内容。

古之立大事者，不惟有超世之才，但必有坚韧不拔之志。如今很多家长都希望自己的孩子成绩优异，只要孩子好好学习，对孩子的要求尽量满足，但却忽视了情绪的管理与意志力的培养。没有坚强的意志，孩子很难拥有与挫折抗争的勇气和决心，是经不起失败的人。从儿童时期就培养孩子的抗挫折能力，我们的孩子才能够比一般人更有勇气去迎接困难、挑战困难、战胜困难。

因此，我们有必要引导孩子正确面对成败，人生不顺，但这种经历也是一种财富。生命中的每个挫折、每个伤痛、每个失败，都自有它的意义。很多父母已经意识到这个问题，于

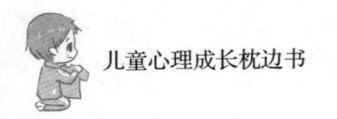

是，出现了很多对孩子进行"吃苦"教育的夏令营活动、"带孩子去上班"等，还有新近兴起的"磨难教育"、"学军学农"。在日本，甚至许多家长鼓励孩子从事冒险活动，其目的无非是让孩子多经历一些坎坷，多接触一些实践，这样可以培养锻炼孩子们接受挫折和战胜挫折的能力和意志力。

有一位赫赫有名的集团老总，在40岁以前，穷困潦倒，家徒四壁，没有人看得起他，包括他的妻子。但他只身下海，从小本生意开始做起，在短短的十年内，把一家手工作坊扩张成了资产达亿元的私营企业。有记者采访他："如果你出生在城市，受良好的教育，有稳定的生活环境，你现在的成就会更大吗？"他沉默了一会儿，说："也许可能。但我相信，如果我不是生活在农村，没有经受过那么多苦难，而像其他城市人一样有衣穿，有房住，有人看得起，我会心安理得地过下去，绝不会开办自己的家庭作坊。从这个意义上说，我要感谢生活。"

生活有时真的像魔术，会变幻出令人难以置信的结果。这位老总的经历告诉家长，苦难并不意味着永远苦难，幸福也并不意味着永远幸福。人们最出色的工作往往是处于逆境中做出的，思想上的压力甚至肉体上的痛苦，都可能成为精神上的兴奋剂。

家长要明白，温室里的花朵承受不了狂风暴雨的侵袭。"含在嘴里怕化，捧在手里怕疼"的爱子观，会导致孩子意志

不坚强，心理承受力差，稍遇不顺心或挫折就走极端。没有人可以全然顺顺利利地走过一生，掌声的背后，其实都有一串不为人知的挫折故事。成功者，往往不是与生俱来的英才，而是那些平平常常的付出者。没有小孩足以幸运地一生都在温室中生活，在人的世界中总会有风有浪，父母不可能永远是孩子的避风港，提供给他一切免于伤害的保护。

总得来说，孩子怕苦，就不会成功，就不会搞好学习，遇到困难就后退，悲观地对待生活，这样很难适应社会的竞争。作为孩子的家长，注意实践磨炼是让孩子直接理解人生、融入社会、锻炼意志、培养自信的最重要手段，对于一个人的成长非常重要。那么，父母该怎样提升孩子面对挫折的情绪能力呢？

1.引导孩子逐步自立

这其中最重要的是要让孩子在心理上独立。家长不能代替孩子去考虑问题，要孩子自己去思考，尊重孩子的意见，这样孩子能独立思考问题，能有主见，从而为孩子以后的成功打下基础。

2.设置生活挫折和障碍

在生活中，设置一些挫折，让孩子去面对，也可以要孩子参加社会实践，或者让孩子锻炼自己，接触社会，培养吃苦精神。

3.家长主动与孩子吃苦

由于现在的家长忙，与孩子的沟通少，造成父母与孩子的

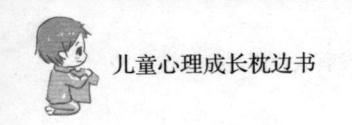

代沟越来越大，如何去弥补这个缺陷，那只有靠家长多与孩子在一起。所以家长可以与孩子参加晨跑，参加体育运动，如一起打球，一起游泳，一起旅游，这样可以增加与孩子沟通的机会，同样让孩子得到了锻炼。

另外，对于孩子的抗挫折情绪能力，我们要相信孩子自己的判断力，并且给他足够的时间调整自己的心态。而强迫他接受你对他的帮助，会使他产生真正的挫折感。孩子接受现实后，会自己调整的。即使失败了父母也要相信，下次孩子一定可以做得更好。

总之，家长不要错过让孩子学习、锻炼的每一次机会，努力提高孩子接受现实的勇气，为今后生存打下良好的基础。未来是属于孩子的，未来的路要靠他们自己去走，未来的生活要靠他们自己去创造。

引导孩子正确认识人生失意

生活中，我们经常提到要让孩子吃点苦。其实，这并不是非要孩子吃糠咽菜，忆苦思甜，让孩子承受不必要的非人折磨和痛苦，而是让父母减少对孩子的娇生惯养、包办代替，让孩子从小多一些经历、多一些锻炼，培养他们坚韧、顽强的性格。也就是让孩子经历一些挫折教育。孩子在成长过程中，总是要经历很多挫折，但挫折会激发孩子勇敢无畏的精神，积极面对遇到的困难。因此，作为父母，就必须让孩子遭遇"挫折"，鼓励其克服并战胜它。

的确，人都有失意的时候。然而，"挫折与失败是人生最好的礼物"。人只有在遭遇挫折、被他人百般刁难、歧视、嘲讽时，才能"打醒自己"，让自己被"当头棒喝"，而清醒过来。这岂不是一生中最珍贵的礼物。以这样的心态教育孩子，父母就应该给自己定位好角色，可以是提供挑战的人，也可以是帮助孩子面对挑战的智囊团，或者做孩子接受挑战时的休息站。

现在的孩子大都是在万千宠爱中成长的，被家长过多过细地照顾保护，造成孩子依赖性强，自觉性和独立性差。从孩子发展的需要看：生活中，挫折无处不在，可以说挫折伴随着孩子成长的每一步。有意识地让孩子受点"苦和累""受点挫折"，尝试一点点生活的磨难，使孩子明白人人可能遇到困难和挫折，有利于培养孩子敢于面对困难，正视挫折并提高克服困难的能力。那么，应该怎样对孩子进行挫折教育呢？

1.引导孩子正确认识挫折

孩子生活中有不同的活动，当孩子面临困难时，我们应该让他直观地了解事物发展的过程，从反复体验中逐步认识到挫折的普遍性和客观性，从而真切地感受到要做任何事情都会遇到困难，成功的喜悦恰恰来自于问题的解决。只有让孩子在克

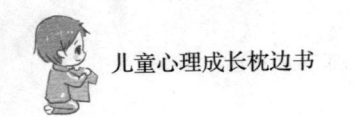

服困难中感受挫折，认识挫折，才能培养出他们不怕挫折、敢于面对挫折的能力。

2.利用和创设困难情景，提高孩子挫折承受力

在孩子的生活、学习活动中，我们可以随机利用现实情景，或模拟日常生活中出现的难题，让孩子开动脑筋，根据已有的生活经验，经过自己的努力克服困难、完成任务。孩子在经历了由不会到会，由别人帮助到自己干的过程后，心理上会得到一种满足，同时，也锻炼了他们的自理能力。成人还可以创设一些情境，如把孩子喜爱的玩具藏起来让孩子寻找，让孩子到黑暗的地方取东西等。但是，在创设和利用困难情景的时候，要注意几个问题：

（1）必须注意适度和适量。设置的情景要能引起孩子的挫折感，但不能太强，应该循序渐进，逐步增加难度。同时，孩子一次面临的难题不能太多，否则，过度的挫折会损伤孩子的自信心和积极性，使其产生严重的受挫感，从而失去探索的信心。

（2）在孩子遇到困难而退缩时，要鼓励孩子；在孩子做出努力并取得成绩时，要及时肯定，让孩子体验成功，从而更有信心去面对新的困难。

（3）对陷入严重挫折情景的孩子，要及时进行疏导，防止孩子因受挫折而产生失望、冷淡等不良心理反应，在必要时可帮助孩子一步步实现目标。

3.利用榜样作用教育，增强孩子的抗挫折能力

在日常生活中，向孩子讲述一些名人在挫折中成长并获得成功的事例，让孩子以这些名人做榜样，不畏挫折；要注意父母和老师的榜样作用，在孩子眼中，父母和老师非常高大，无所不能，他们对待挫折的态度和行为会潜移默化地影响孩子的态度和行为；同伴也是孩子的"老师"，教师要抓住同伴的良好行为树立榜样，增强孩子抗挫折能力。

4.多鼓励，改变孩子的受挫意识

孩子只有不断得到鼓励，才能在困难面前淡化和改变受挫意识，获得安全感和自信心。成人要多鼓励孩子做自己力所能及的事，一旦进步，要立即予以表扬，强化其行为，并随时表现出肯定和相信的神态。成人的鼓励和肯定既能使孩子的受挫意识得以改变，又能提高他们继续尝试的勇气和信心。因为经常笼罩在这种挫折感中，会损害他们心理的健康发展。

总之，在孩子发展的过程中，没有挫折不行，挫折过多、过大也不行，成人要正确引导，使孩子能正视并战胜挫折，健康成长。

我们深知，钱会用光，地位也会改变，父母也总有一天会离开孩子，但孩子在年幼时养成好的对待"挫折与失败"的习惯，是孩子一生最好的礼物，谁也抢不走。即使哪一次他失败了，他懂得爬起来再战，甚至明白什么时候应该再接再厉，什么时候可以另起炉灶。而这才正是挫折赋予孩子的未来本钱，

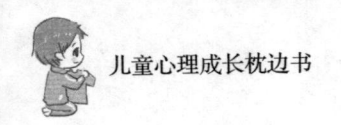

它可以让孩子逐渐从容地应付复杂多变的狂风巨浪。

任何时候，挫折教育都必不可少

人生中，困难和危险无处不在、无时不有。一个勇于迎战困难的孩子，才有战胜困难、夺取成功的希望；而那些蜷缩在温室中、保护伞下的孩子注定是要在困难面前崩溃不能成功的。这告诉父母，在教育孩子的过程中，要尽早对孩子进行挫折教育。

的确，困难和挫折是一所最好的学校。在这所学校里，孩子能历经磨炼，"艰难困苦，玉汝以成"。没有尝过饥与渴的滋味，就永远体会不到食物和水的甜美，不懂得生活到底是什么滋味；没有经历过困难和挫折，就品味不到成功的喜悦；没有经历过苦难，就永远感受不到什么叫幸福。尽管每位父母都不想让孩子去经历苦难，希望他们的人生路上充满笑脸和鲜花，但生活是无情的，每个人的人生路上都会有各种各样的苦难，畏惧苦难的人将永远不会有幸福。

父母作为孩子的第一任老师，无论你对孩子的期望有多大，希望孩子将来从事什么样的职业，现下我们都应该帮助孩子学会如何面对挫折和困难，而不应该一味地宠溺孩子，不让孩子经受一点风浪。这看似是爱孩子，实际上是害孩子，只能让他们长大后陷于平庸和无能。而同样，家长还要考虑到孩子有一定的依赖性，对孩子放手固然正确，但要适度。孩子对挫折的承受能力有限，孩子在受挫时，必要时候家长要告诉孩子：跌倒了，自己爬起来。这就给了孩子一种能力的肯定，此时的挫折教育才是有意义的。

印度前总理甘地夫人，不仅是一位非常杰出的政治领袖，更是一位好母亲、好老师。在她教育儿子拉吉夫的过程中，曾有这样一次经历：

在拉吉夫12岁的时候，他生了一场大病，医生建议他做手术。手术前，医生和甘地夫人商量术前的一些事，医生认为可以通过说一些安慰的话来让拉吉夫轻松面对手术，比如，可以告诉拉吉夫"手术并不痛苦，也不用害怕"等。然而，甘地夫人却认为，拉吉夫已经12岁了，应该学会独立面对了。于是，当拉吉夫被推进手术室前，她告诉拉吉夫："可爱的小拉吉夫，手术后你有几天会相当痛苦，这种痛苦是谁也不能代替的，哭泣或喊叫都不能减轻痛苦，可能还会引起头痛。但是，你必须勇敢地承受它。"

手术后，拉吉夫没有哭，也没有叫苦，他勇敢地忍受了这一切。

关于孩子的教育，甘地夫人有自己的心得。她认为，生活本来就不是一帆风顺的，有阳光就有阴霾，孩子在成长的过程中，有快乐，也就会有坎坷。

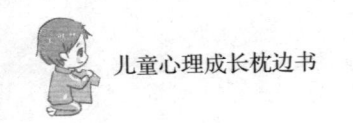

而一个个性健全的孩子就是要接受生活赐予的种种，这样，才能从容不迫地应对未来生活的各种变化。这就是人们常说的"甘地夫人法则"。

我们不得不承认，现在的很多孩子都生活在蜜罐里，过着"衣来伸手，饭来张口"的生活。他们是整个家庭的"中心"，父母过度的"保护"，让孩子既缺乏承受挫折的机会，更没有承受挫折的思想准备。所以当挫折摆在面前的时候，这些孩子就会表现出懦弱、悲观、处处想逃避它的想法。但是生活并非一帆风顺，是处处藏着逆境的，对于孩子来说也无法避免。因此，应放开手让孩子独立面对生活的各个方面，让其自己解决，孩子几经如此"折磨"，将来就不会像温室里的豆芽那样，一碰就断。这就告诉父母，挫折教育必不可少。

我们父母在生活中培养孩子的抗挫折能力很有必要，为此，我们需要从以下几个方面努力：

1. 父母的心态会影响到孩子的心态

作为父母，我们也是孩子的老师。父母如何对待人生的挫折，首先是对父母人生态度的一个考验，其次是对孩子给予何种影响。

如果我们在挫折面前积极乐观，把挫折看成一个人生的新契机，那么孩子在我们家长的影响下，也会直面人生的各种挫折，以积极的心态去迎接各种挑战。反过来，如果我们在挫折面前消极悲观，回避现实，那么只能降低自己在孩子心目中的威信，更不利于教育孩子正视挫折。

2.放手让孩子自己去经历挫折，而不是包办孩子的一切

人生之路，谁都不会事事顺心，有掌声也有挫折，有阳光明媚，也有风雨交加。且往往挫折坎坷比平坦之路更多。我们的孩子还小，将来还要面对复杂多变的社会，所以，我们要从小让孩子学着面对逆境和挫折，绝不能替孩子包办一切，让其失去锻炼机会。

3.鼓励孩子勇敢面对

孩子在任何时候，都需要父母的支持。挫折发生时，鼓励孩子冷静分析，沉着应对，找到解决挫折的有效办法。平常和孩子一起探索战胜挫折、克服消极心理的有效方法，帮助孩子进行自我排解、自我疏导，从而将消极情绪转化为积极情绪，增添战胜挫折的勇气。

在父母鼓励下战胜挫折的孩子，定能学会抵抗挫折，他们就会成为一个在人生路上不断前行的勇者。

总之，作为父母，要让孩子明白，人生路上，免不了挫折。如果我们希望孩子能在未来社会独当一面，能成为一个敢于面对逆境和挫折的人，就要让孩子从现在开始就从容面对，而不是无奈逃避。

只有让孩子明白挫折是生活的一部分，学会正确地看待挫折，孩子才能更快地成长、成熟，将来才会更好地把握自己的人生！

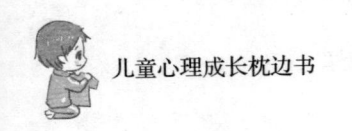

尽早让孩子明白，我的责任我来扛

人是一种社会性的动物，责任是一种对人的制约。所谓责任心，是指个人对自己和他人，对家庭和集体，对国家和社会所负责任的认识、情感和信念，以及与之相应的遵守规范、承担责任和履行义务的自觉态度。每个人都肩负着责任，对工作、对家庭、对亲人、对朋友，我们都有一定的责任，正因为存在这样或那样的责任，才能对自己的行为有所约束。社会学家戴维斯说："放弃了自己对社会的责任，就意味着放弃了自身在这个社会中更好的生存机会。"

责任心对孩子未来的人生至关重要。事业有成者，无论做什么，都力求尽心尽责，丝毫不会放松；成功者无论做什么职业，都不会轻率疏忽。这就是一份责任。孩子的责任感必须从小培养，父母在这个过程中发挥着极为重要的作用。影响一个人意志形成的因素有很多，家庭环境是其中十分重要的因素。家长的言行对孩子人格发展有潜移默化的作用，从小磨炼孩子勇于担当责任的品质，才会把孩子培养成一个敢于承担责任的人。

主人公是一名11岁的美国小男孩，一天他在踢足球时，不小心将球踢到邻居家的玻璃上，窗户玻璃全碎了。邻居发现后，叫他赔偿13美元。然而。对于一个小男孩来说，当时的13美元可不是一笔小数目，足可以买125只生蛋的母鸡。

这样的情况下，男孩知道，他只有求助于自己的父亲了，为此，他十分谦恭地来找父亲。然而，父亲却斩钉截铁地说，孩子必须对自己的过失负责。

"可是我没有那么多的钱。"孩子非常为难。

"我可以借给你。"父亲拿出13美元，"但是你要在一年之后还给我。"

于是，为了还清父亲借给自己的钱，男孩开始了艰苦的打工生活，半年后，他终于还清了欠父亲的"巨额债务"。这个孩子就是日后的美国总统里根。他在回忆这件事时说："通过自己的努力来承担过失，使我懂得了什么是责任。"

作为孩子的家长，应该从身边的小事开始，培养孩子的责任意识，让孩子意识到责任的重要性。而这就不能娇惯孩子。从小就被父母"保护"起来，他们在生活上接受了过多的照顾和包办，行为活动受到了过多的限制和干涉，在需求上也给予过多的满足。这样造成了孩子越来越娇气，生存的依赖性强，心理素质差，自然就不知道什么是责任了。

作为家长，一定要让孩子从小历经生活的磨炼，让他明白什么是一个成人应该承担的责任。家长可以做到：

1.父母的教养态度和行为对孩子责任心的形成具有重要作用

对孩子采取民主的态度，鼓励孩子独立思考，允许他们表达自己的观点和看法，有利于孩子形成责任心。

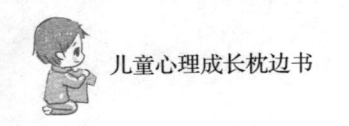

娇惯、过度保护孩子，让孩子从小养尊处优、自私自利、为所欲为，孩子成年后就会缺乏对社会和他人的责任心。

让孩子绝对服从的教育方式只能培养出唯命是从、毫无主见、不敢负责的人。

2.让孩子做事有始有终，自己造成的苦果自己负责

孩子好奇心强，什么都想去摸摸，去试试，但是随意性也很强，经常做事虎头蛇尾或有头无尾。所以交给孩子的事情，家长要有检查、督促以及对结果的评价，以便培养孩子持之以恒、认真负责的好习惯。

明明去少年宫排练节目，由于走时匆忙，忘了将排练时用的音乐磁带拿上。明明发现后连忙给妈妈打电话，恳请妈妈快快把磁带送来，以免耽误了节目排练。

"不行！"妈妈说得斩钉截铁，"自己的事情自己负责！"

"时间来不及了，妈妈，求求您了！"明明急出了满身大汗。

"这事没商量！"妈妈说着，便挂断了电话。

其实，当时妈妈正在家里休息，她并不是没有时间送去，而是要儿子承担这个责任。明明只好跑步回家拿了磁带，又急匆匆赶回了少年宫。老师的批评、同学的斥责，使明明自责而内疚。

从那以后，明明每次出门，都要检查自己的东西是否带齐。妈妈的一次理智而"狠心"的拒绝让明明知道：如果再犯

类似的错误，别人是不会帮助他的，一切都要靠他自己。更难得的是，明明明白了，他不仅要对自己负责，还要对老师和同学的信任负责。从那以后，他逐渐对自己的事、学校的事、家里的事都有了一份责任心。

3.让孩子信守诺言，对自己的言行负责，父母要为孩子做出遵守诺言的榜样

无论作出什么许诺，都要尽可能地实现，如果不能实现的话，一定要向孩子说明。告诫孩子不要轻许诺言，一旦许诺，就必须遵守。积极支持孩子参加学校的公益劳动和集体活动，培养孩子对集体的责任心。

但其实，责任心的培养，最终目的还是要让孩子学会担当。"担当"的意思是：接受并负起责任。意在强调行动的重要性。

曾经有篇报道，叙述了一个16岁的农村少年，以优异的成绩考取了师范学校，但面对着瘫痪在床无人照顾的父亲，他无奈之下卖掉了全部家产，背着父亲走进校门，开始了漫长而艰辛的求学之路。

一个"背"字，不仅体现了父子之情，也体现了孩子对家庭的责任。这个少年就是"担"起了家庭的责任。

责任不需要整天挂在嘴边，这是一种意识，我们希望孩子明白。在遇到事情的时候必须承担后果。孩子从小学会"担当"，长大了自然就会有责任心。

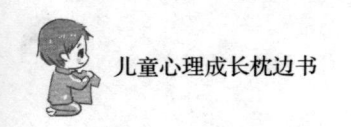

因此，家长要教育孩子，从生活中的小事做起，让"责任"作为一种品质植根孩子的心灵。这样，才会培养出一个愿意担当，有责任心的孩子！

第10章

培养良好的情感能力：孩子要学会感知和控制情绪

作为父母，我们都希望孩子能健康、快乐地成长。但我们同时要承认，孩子的成长并不是一个直线上升的过程，而是呈波浪式上升的。孩子的情绪发展也是如此。面对孩子的多面情绪，爸爸妈妈要多理解他们，教给他们调节情绪的方法。拥有良好情绪、健康心态的孩子，在将来的生活中更容易获得幸福和成功。这就需要我们尽早地关注孩子良好情绪的建立与培养，因为培养、建立良好的情绪是他们走向成功的第一步。

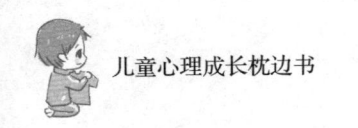

及早重视孩子的情感要求并引导孩子学会表达情绪

日常生活中，我们成人经常提到"情绪"这一名词，其实，这是心理学术语，是人与生俱来的心理反应。它由4种基本情绪构成：愤怒、恐惧、悲伤、快乐。这如同绘画中红、黄、蓝三原色，其不同的组合构成人的各种情绪状态。每个人都有情绪，我们的孩子也是如此，他们也有自己的情绪，只是有些孩子表达的方式比较温和，有的比较强烈。我们教育孩子，不仅仅是要让孩子掌握知识、练就生存和发展的本领，还应帮助孩子掌握快乐的要领，其中就包括帮助他们学会表达情绪。当然，科学帮助孩子疏导情绪的第一步就是要及早重视孩子的情感要求。

从儿童心理发展的角度来看，对自己情绪体验得越多，孩子的心理发展越成熟。每一次强烈的情绪经历，都是一次宝贵的经验。如果我们允许儿童完整地体验自己的情绪，接纳并认可自己的感受，有助于他们认知事物、总结规律、提炼经验，有助于他们今后遇到同类境况时做出理智的分析和恰当的反应，有助于他们获得坚实的自信心。

相反，假如我们不允许甚至是遏制孩子体验或表达情绪，并非意味着他们面对同样状况时就没有情绪了，我们只是暂时地压抑了孩子的情绪。孩子也会感受到,自己这些情绪是可憎的,甚至认为自己是可憎的。然而他缺乏控制情绪的能力和经验,强行忍受着内心的煎熬,绝望地感到自己无能为力,从而产生自卑。孩子将来长大了,面对内心依然会产生的强烈情绪反应,会感到不知所措,也会感到羞愧难当;既不知道怎样表达,也不知道怎样处理。压抑良久,会导致各种心理问题。

帮助孩子认识和表达情绪,我们可以遵循这几个步骤:

1.教孩子学会表达自己的感觉

在日常生活中,父母可以多和孩子聊天,或适时问孩子:"你现在是什么感觉啊?""你喜不喜欢?""什么事情让你这么生气?"还可以通过讲故事、编故事、角色扮演等游戏教给孩子疏导情绪的方法。有时还可以通过交换日记、写纸条的方式说说高兴和不高兴的事。如此一来,孩子也就逐渐学会,如何用"讲道理"的方式表达自己的心情。

2.让孩子认识情绪,表达情绪

通过亲子之间的对话让孩子正确认识各种情绪,说出自己心里此时此刻真实的感受。只有知所想,才能知何解。平时,父母可以在自己或他人有情绪的时候,趁机引导孩子知道"妈妈好高兴哦""恩,我很伤心"等让孩子知道原来人是有那么多情绪的,还可以通过句式"妈妈很生气,因为……""我感到有点难过,是因为……"来告诉孩子自己的情绪来源,同时也可以问孩子,"你是什么感觉啊?""妈妈看见你很生气、

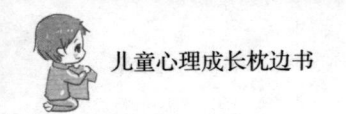

难过，能告诉我发生了什么事吗？"等对话来引导孩子表达自己的情绪及发现自己情绪的原因。这些都有利于提高孩子的情绪敏感度。

3.培养孩子体察他人情绪的能力

对于这一点，我们可以通过游戏的方式帮助孩子获得。我们可以让孩子在丰富多彩的游戏活动中体验自己的情绪，感受别人的情绪，知道自己和他人的需要。除了父母与孩子要交流自己的情绪感受外，还可以通过说故事、编故事、角色扮演等方式和孩子讨论故事中人物的感觉和前因后果，以及利用周围的人、事物，来引导孩子设想他人的情绪和想法。从他人的情绪反应中，孩子会逐渐领悟到积极情绪能让自己和对方快乐，消极情绪会对自己和对方造成痛苦，不利于事情的解决。

4.教会孩子适当宣泄不良情绪

人在精神压抑的时候，如果不寻找机会宣泄情绪，会导致身心受到损害。生理学研究表明，人的泪水含有的毒素比较多，用泪水喂养小白鼠会导致癌症。可见，在悲伤时用力压抑自己，忍住泪水是不合适的。另外，在愤怒的时候，适当的宣泄是必要的，不一定要采取大发脾气的方法，可以采用其他一些较好的方法。所以，家长不妨引导孩子采取以下方法发泄自己的情绪：比如在孩子盛怒时，让他赶快跑到其他地方，或找个体力活来干，或者干脆让他跑一圈，这样就能把因盛怒激发出来的能量释放出来；如果孩子不高兴或是遇到了挫折，你可以把他的注意力转移到其他活动上去。例如，当孩子在厨房里吵闹着要玩小刀时，妈妈会把他带到一水池的肥皂泡面前分散他的注意，他很快会安静下来。另外，场景的迅速改变也能达到同样的目的——安静地把孩子从厨房带到房间里去，那里有许多吸引他注意的东西，玩具恐龙、图书都可以让他忘记刚才的不愉快。

当然，让孩子发泄自己的情绪，并不意味着家长可以忽视孩子那些不正确的行为。过激的情绪，甚至消极情绪都是生活中很平常的，但是伤害和破坏性的行为是绝对不被允许和容忍的。

其实，情绪无所谓对错，只有表达的方式是否能被人接受。家长在教育孩子的时候，一定要接受孩子的多面性情绪，引导孩子把消极情绪转化为积极情绪。唯有正视情绪表达的所有面貌，健康的情绪发展才有可能，唯有能够驾驭自己情绪的孩子，才能够成为有自我控制力的孩子！

抑郁是孩子快乐的最大杀手

为人父母，我们都希望孩子能快乐、健康地成长，这也是我们最大的心愿。然而，一些父母发现，孩子莫名其妙地悲伤、对什么都提不起兴趣，此时，大部分父母可能认为孩子只

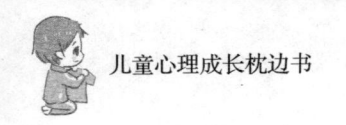

是情绪差而已，殊不知，你的孩子有可能正在被抑郁侵蚀。儿童心理学家告诉我们，抑郁心态已经成为了儿童健康成长的重要障碍之一。

冬冬曾是那么充满活力的一个孩子，学习成绩一流，还是学校排球队的队长。他在教学楼的走道里，停下来向每个他认识的老师和同学问好，但仍然可以快速地在上课之前准时赶到教室。但现在，他却不再问候任何人，动作也不再敏捷。他看起来并没有病，他说自己没有精力，总是莫名其妙地难过，在快要考试的这段时间，他也不能集中注意力。后来经心理医生诊断，他患了抑郁症。

和冬冬一样心理抑郁的儿童并不少见。研究表明，大约有16%的儿童和青少年患有儿童抑郁症，但是其抑郁症前兆的表现情况与成年人的又不是一样的，有一定的区别的，那么，儿童抑郁症的表现有哪些？下面是相关专家做出的详细解答。

（1）情绪表现：目光垂视，易激怒，敏感，哭闹，好发脾气，焦躁不安，胆小，羞怯，孤独，注意力不集中，易受惊吓，常伴有自责自罪感，认为自己笨拙、愚蠢、灰心丧气，自暴自弃，唉声叹气，对周围的人和事不感兴趣、退缩、抑制、没有愉快感等。

（2）行为表现：多动，攻击别人，害怕去学校，不愿社交，抑郁症的表现为故意回避熟人，不服从管教，冲动，逃学，表达能力差，成绩差，记忆力下降，离家出走，甚至有厌世和自残、自杀行为等。

（3）躯体表现：睡眠障碍，食欲低下，体重减轻，疲乏无力，胸闷心悸，头痛胃痛，恶心，呕吐，腹泻，遗尿遗屎等均属于抑郁症的临床表现。

生活中，一些孩子也可能出现其他症状。但无论任何形式，有抑郁症症状的孩子都会感到孤立、恐惧和非常不快乐。抑郁的孩子不知道自己哪里不对，他只知道自己的感觉糟透了，不像以前的自己。当他感觉越来越糟的时候，他会感到自己越来越没有力量，不能控制自己的心情和生活，好像有一种神奇的力量在控制自己。

可见，抑郁这种消极心态对孩子成长具有极大负面影响，家长帮助孩子赶走抑郁刻不容缓，这才会让孩子重新找回快乐。那么，家长应该怎样做呢？

1.让孩子爱好广泛

开朗乐观的孩子心中的快乐源自各个方面，一个孩子如果仅有一种爱好，他就很难保持长久快乐，试想：只爱看电视的孩子如果当晚没有合适的电视节目看，他就会郁郁寡欢。有个孩子是个书迷，但如果他还能热衷体育活动或饲养小动物，或参演话剧，那么他的生活将变得更为丰富多彩，由此他也必然更为快乐。

2.引导孩子摆脱困境

即使天性乐观的人也不可能事事称心如意，但他们大多能很快从失意中重新奋起，并把一时的沮丧丢在脑后。父母最好

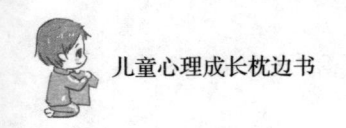

在孩子很小的时候就注意培养他们应对困境乃至逆境的能力。要是一时还无法摆脱困境，那么可以教育孩子学会忍耐和随遇而安，或在困境中寻找另外的精神寄托，如参加运动、游戏、聊天等。

3.让孩子拥有自信十分重要

一个自卑的孩子往往不可能开朗乐观，这就从反面证实了拥有自信与快乐性格的形成息息相关。对一个智力或能力都有限，因而充满自卑的孩子，父母务必多多发现其长处，并审时度势地多作表扬和鼓励，来自父母和亲友的肯定有助于孩子克服自卑、树立自信。

4.不要对孩子"控制"过严

不妨让孩子在不同的年龄段拥有不同的选择权。如，2岁的孩子允许选择午餐吃什么，3岁的孩子允许选择上街时穿什么衣服，4岁的孩子允许选择假日去什么地方玩，5岁的孩子允许选择买什么玩具，6岁的孩子则允许选择看什么电视节目……只有从小就享有选择"民主"的孩子，才会感到快乐自立。

5.鼓励孩子多交朋友

不善交际的孩子大多性格抑郁，因为享受不到友情的温暖而孤独痛苦。性格内向、抑郁的孩子更应多交一些性格开朗、乐观的同龄朋友。

6.教会孩子与他人融洽相处

与他人融洽相处有助于培养快乐的性格，因为与他人融

第10章 培养良好的情感能力：孩子要学会感知和控制情绪

洽相处者心中较为光明。父母可以带领孩子接触不同年龄、性别、性格、职业和社会地位的人，让他们学会与不同的人融洽相处。此外，父母自己应与他人相处融洽，热情待客、真诚待人，给孩子树立起好榜样。

所以，当儿童出现一些抑郁症状时，家长应引起重视，多鼓励孩子，发现并表扬孩子的优点，树立孩子的自信心。家长可为孩子选择幽默、笑话、歌舞等类的影视节目或图画书，建立轻松愉悦的生活环境。让孩子记录自己的优点，记录一些愉快的事情，并每天拿出来看一看，建立自信和良好的情绪。

引导孩子学会保持乐观的生活态度与情绪

我们知道，积极的情绪体验能够激发人体的潜能，使其保持旺盛的体力和精力，维护心理健康；消极的情绪体验只能使人意志消沉，有害身心健康，甚至会导致严重的心理问题。为此，学会保持乐观的生活态度与情绪，无论是对于我们成人，还是孩子来说都是十分重要的。

的确，无论成年人或儿童，不可能总是快乐无忧，我们都希望能够帮助孩子学会调节自己的情绪，使之向快乐的方向转化。相对于成人来说，孩子的喜怒哀乐通常是很真实的，往往直接支配着他的行为，无论是快乐还是悲伤，他们都会挂在脸

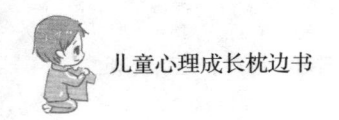

上，而在我们成人看来，一件很小的事，可能就会引发他们强烈的情绪波动。

有研究表明，一个人在童年时期的情绪掌控能力，与之在成年后是否能快乐、能否生活有着很大的关系，也就是说，孩子在成长过程中，学会管理自己的情绪对他的人生幸福至关重要。其实，孩子在每一天的生活中，不但要体验快乐，还要体验难过、沮丧、愤怒等，有些孩子一旦受到挫折，就会十分难过，然后习惯性用暴力来发泄内心的不快，不但给家人、同学带来困扰，也影响自己的人际关系，其实，一切都是因为这些孩子不懂得表达和调节自己的情绪。

儿童教育学最新研究指出：孩子在6岁以前的情感经验对人的一生具有长远的影响，这一期间的孩子如果易怒、暴躁、悲观、胆怯或者孤独、焦虑，自惭形秽，对自己不满意等，会很大程度地影响其今后的个性发展和品格培养。而且，如果孩子总是处于负面情绪的笼罩下的话，很可能会对其身心健和人际关系产生负面的影响。

我们可以说，童年是孩子情绪发展的关键时期。而作为家长，我们在教育孩子的过程中，还要培养孩子乐观地面对人生，还要教会孩子如何控制自己的情绪，帮助孩子做到情绪自我管理。

在情绪管理的过程中，觉察情绪、表达情绪，以及利用情绪是其重要的三个部分。而所谓的儿童情绪管理，顾名思义，就是要帮助孩子学会做自己情绪的主人。管理情绪包括两个方面的内容：第一是能够充分地表达自己的情绪，不压制情绪。第二是要善于克制自己的情绪，要善于把握表达情绪的分寸。

所以，作为父母的你，有一项很重要的工作就是帮助孩子认识、了解和控制自己的情绪，学会理解他人，即为孩子做好"情绪管理"，让孩子从小就拥有优质的情商。

1.做积极乐观的父母，为孩子做好榜样

父母是孩子的模范，孩子的情绪受父母行为的直接影响，与孩子相处时，父母必须乐观一点。当孩子有挫折感的时候，只有积极乐观的父母才能成为他依靠、慰藉的港湾。

父母首先要学会管理自己的情绪，不把不良情绪带给家庭、带给孩子，要塑造出一种安全、温馨、平和的心理情境，用欣赏的眼光鼓励自己的孩子，让身处其中的孩子产生积极的自我认同，获得安全感，让其能自由、开放地感受和表达自己的情绪，使某些原本正常的情绪感受不因压抑而变质。

2.相信孩子

要让孩子喜欢自己，家庭要给孩子认同感。在教育孩子学会乐观地面对人生时，除了多与孩子交流，培养孩子的自信心之外，还有一个很重要的方面，就是父母首先要相信自己的孩子，给予鼓励和支持。更重要的是要帮助孩子进取，克服一些他现在克服不了的困难，只有这样，才能教会孩子以正确的态度和方法保持乐观。

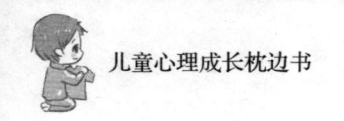

3.教导孩子正确表达内心怒气

研究证明,语言发展较好的孩子,遭受到的挫折感也比较少,因为他们懂得以语言表达自己的需要,于是容易被满足,而且当他们说出自己生气难过的原因时,不仅有助于情绪宣泄,也能获得他人的了解和安慰。父母可以在孩子生气、难过的时候,教导他们用语言而非肢体表达怒气。

4.教孩子转换思维

如果孩子陷入某种负面情绪里,通常是因为"想不开",此时,父母可以带着他想些好事情,或引导他发现原来事情没有这么糟。孩子能够学习用不同角度和方向思考,进一步也就可以用有创意的方式,自己想办法解决困境。

5.带着孩子放松心情玩一玩

压力经常是孩子心情不好的来源之一。可以教孩子做做伸展体操,或是用力画图、用力唱歌,让他体会这些"用力动作"对解除紧张情绪还是很有作用的。下回他就能有更多选择,调节自己的不良情绪了。

6.教孩子换个角度看自己

当心情不好或遭遇挫折的时候,孩子很容易会对自己产生负面的看法,觉得自己真的很差劲,这时父母可以提醒孩子,他曾经在其他方面表现得很好。让孩子时常记起自己成功的经验,可以帮孩子找回自信,相信自己可以克服困难,也更愿意去接受挑战。

最后，要帮助孩子建立自信心，因为自信的孩子更容易获得快乐的情绪。父母应该经常多鼓励、多赞美孩子，增强他们的独立性、进取心。

儿童恐惧症是怎么回事

我们都知道，人类与生俱来的情绪有很多种，比如快乐、悲伤、愤怒等，这些也是我们日常生活中常见的情绪，但除此之外，还有一些非常见情绪，其中就包括恐惧。我们成人有恐惧情绪，其实，我们的孩子在成长过程中也会出现恐惧情绪，这是正常的。但如果孩子对某一事物的恐惧超出了一定的时间，并且恐惧无法减轻的话，就很有可能是恐惧症了，也就是我们说的儿童恐惧症。

那么，作为家长，我们如何判别孩子是否患有恐惧症呢？我们可以从以下方面进行评判：

（1）孩子在看童话书或者电视时，出现了一些令人害怕的场面，孩子是表现得淡然还是十分害怕？

（2）你的孩子是恐惧某个具体事物还是某一类或者与这一事物相关的事物或现象呢？比如，害怕蛇还是害怕一切蠕动的爬行动物呢？

（3）当出现了孩子害怕的事物后，孩子的生活是很快恢复

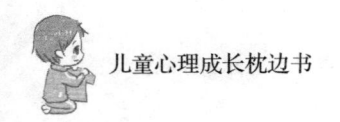

正常，还是受到很大影响？

（4）当恐惧事物消失或者你将孩子带离恐惧事物发生的现场时，他是能马上平复心情，还是对事物一直耿耿于怀、惴惴不安呢？

（5）当恐惧事物出现后，孩子的行为举止、情绪出现了很大的波动，甚至丧失某种行为能力吗？

（6）当我们已经为孩子解释过他所恐惧的事物后，孩子是能理智地接纳你的解释进而解除恐惧情绪还是不管我们如何解释，都无法消除其恐惧？

对于以上六个问题，答案都为"是"或"否"，如果你的答案都是肯定的，那么说明你的孩子对事物的恐惧处于正常范围内。作为家长，我们无须过多担心，孩子尚处于童年阶段，对事物的理解能力有限，随着孩子的成长和所学知识的增多以及我们父母的引导，孩子的恐惧情绪自然能得到控制和消除。

而假如你的答案都是后者，那么表明你的孩子很可能患有恐惧症。

当然，儿童恐惧症的患者并不少，一些儿童在患有这种疾病以后，其性格和心情都会发生巨大的转变，比如孩子会变得内向、自卑、逃避交流，且伴随一些常见的症状，这些症状是：

特点一，性格内向，情绪激烈。内向者安静、不喜欢与人沟通和交流；易焦虑，对于外界的情绪反应过于强烈，一旦情绪产生，就很难心情平复；与人交往时，情绪不稳定，强烈的

情绪反应影响他们的正常适应。

特点二，自卑，常自我贬低，在社交中自信不足，太过关注他人对自己的看法，且很多时候无法正常与人沟通和交往。

特点三，过于敏感。总是认为被人不喜欢、厌恶自己，如果交流的对象是陌生人，他们会表现出更紧张。

儿童恐惧症是指儿童不同发育阶段的特定的异常恐惧情绪。表现为对日常生活中的一般客观事物和情境产生过分的恐惧情绪，出现回避、退缩行为。患儿的日常生活和社会功能受损，并且已有上述表现至少1个月。

什么可以将儿童恐惧症分为以下几种：

1.儿童社交恐惧症

是指儿童对新环境或陌生人产生恐惧、焦虑情绪和回避行为。具体表现为：

（1）与陌生人（包括同龄人）交往时，存在持久的焦虑，有社交回避行为。

（2）与陌生人交往时，患儿对其行为有自我意识，表现出尴尬或过分关注。

（3）对新环境感到痛苦、不适、哭闹、不语或退出。

（4）患儿与家人或熟悉的人在一起时，社交关系良好，并且以上表现至少已1个月。

2.儿童学校恐惧症

属于儿童恐惧症的一种，是孩子心理适应能力不良的一种表现，这种心理症状在女孩身上比男孩更常见，原因一般是：学校老师对孩子管教过严、教育方式简单粗暴，运用语言和体罚的方式让孩子的心理遭受打击；师生关系紧张、家庭发生变故、父母离异或者生病、死亡等。主要表现为孩子上学前诉说自己有头痛、腹痛等不适，不愿上学，并伴有焦虑或抑郁情绪。

实际上，不管孩子患上了何种恐惧症，都不仅会对孩子的生活产生诸多影响，也会对孩子日后身心健康产生不利影响，需要我们家长引起重视。

如果问题严重，以至于我们无法自行引导，就需要寻求专业人士的帮助。

那么，面对这些情况，我们父母该怎么办呢？

面对这种情况，需对孩子进行综合治疗：以心理治疗为主，辅以药物治疗、行为治疗（包括系统脱敏法、实践脱敏法、冲击疗法、暴露疗法、正性强化法、示范法等）结合支持疗法、认知治疗、松弛治疗及音乐与游戏疗法一般可取得较好疗效。对症状严重的孩子可给予小剂量抗焦虑药物或抗抑郁药物。

以上文章给我们介绍的就是儿童恐惧症常见的症状了，我们在生活中发现孩子在晚上睡觉有不正常的表现的时候，出现夜惊或者是哭闹的症状的时候，我们的家长一定要提高警惕了。

第10章　培养良好的情感能力：孩子要学会感知和控制情绪

坦诚自己的情绪，才能亲近孩子

生活中，不少父母抱怨："孩子一天与我们说话都不到三句，跟我们的关系越来越疏远，就喜欢跟同学泡在一起，由着他们这样自由交往，不变坏才怪！"其实，孩子逐渐长大，这是从依赖走向独立，从家庭走向社会并逐步适应社会的重要阶段。可以说，我们父母操碎了心，他们拒绝亲近父母，有时候并不是孩子的过错，而是父母的态度让他们欲言又止。而聪明的父母，在向孩子"施爱"的时候，还懂得"索爱"，因为他们懂得，沟通是双向的，让孩子打开心门的第一步就是先开口坦诚自己的内心，让孩子了解自己，孩子才会愿意亲近你。

另外，坦诚自己的情绪，并不是懦弱的表现，而是要让孩子体谅我们，可以让孩子懂得感恩。事实上，不少家长在"爱"的问题上，只尽"给予"的义务，不讲"索取"。这时，家长们的爱就会贬值，孩子们会觉得父母的爱是应该的。有时候父母扛着生活艰辛的担子，只要孩子好好学习，哪怕再苦也值得，而孩子根本不理解。孩子一般不理解父母，很多时候是因为父母不给孩子了解的机会，当孩子知道父母的辛苦后，感恩心会油然而生，学习的动力也就更明确了，对于生活也会更加积极。

洲洲是小区有名的听话孩子，很多家长都想向洲洲妈请教一下怎么教育孩子，因此，洲洲家经常会有一些邻居叔叔阿姨

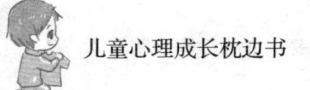

来串门，这不，楼上的王阿姨又来"取经"了。

"你说，我们大人这么辛苦，还不都是为了孩子，为什么孩子们似乎都不理解呢？有什么心事也不跟我们说，长大了，我们也管不了，哎……"

"其实吧，孩子是渴望交流的，但实际上，往往是我们家长摆在了长者的位置不肯下来，孩子无法感受到平等，自然也就不愿意与我们交流了。"

"那怎么才能让孩子开口呢？"王阿姨问。

"想要让孩子开口，我们就得先开口，主动向孩子倾诉，让孩子也了解我们的感受，沟通是双向的嘛。像我们这样的中年人，在单位工作压力很大，工作了一天，回到家里，真的很累，有时就不想说话。甚至还免不了受一些闲气，心里很窝火，脸色不自觉地就有些难看。但我现在总在进门之前提醒我自己：调整好心态，当孩子开门迎接你的时候，给她一个笑脸。等自己心情好点的时候，我们晚上会坐在一起，我主动开口，说自己在单位的那些事儿，洲洲一般都能理解我的感受，她有时还会来安慰我。只有先主动倾诉，才会让孩子觉得你容易亲近，才会愿意与你倾诉，如果你冷落孩子，根本不理他/她，他/她就会到外面去找能安慰他/她的人。为什么有的小孩子会结交不良少年，会早恋？原因当然很多，但我觉得其中根本的一点，就是缺少家庭的关怀，缺少亲情的温暖。不过，这也是个人的想法。"

王阿姨听完，连连点头，看来，洲洲妈的话对她起到作用了。

作为家长的我们，应当要顺应孩子的生理和心理的成长规律，在教育方法上也要做出调整，把孩子当成朋友，而不是小孩子。你们之间应该平等地对话、交流内心世界，具体来说，我们应该做到：

1.你的孩子已经长大了，有一定的担当能力

父母首先要把孩子当作一个完整的、独立的个体来对待，而不是自己的附属。孩子虽然还处在成长的阶段，但已经具备了一定的解决问题的能力，因此，不要认为，孩子还小，不能让他知道的太多，会影响到孩子的学习等，孩子是家庭成员之一，当你与孩子共商家庭计划时，孩子会感受到被尊重，当他再遇到成长中的问题的时候，也愿意拿出来与家长一起"分享"，共同找出解决问题的办法。

2.孩子为烦恼困惑时，告诉他你的做法

慢慢长大的孩子一定会遭遇一些成长中的烦恼，慢慢变老的我们一定会和他们"过招"。当孩子怒火燃烧的时候，我们做家长的切忌火上浇油、自乱阵脚，我们可以运用的一种方法叫以柔克刚。抱怨、不屑的言语只是他们在表达自己对事儿、对人的看法，只是还有待找到最合适的方式，我们需要等待。也就是说，无论孩子的情绪如何，作为家长的，我们一定要心平气和，先平息孩子的情绪，然后再告诉孩子自己曾经是怎么做的。

参考文献

[1]阿尔弗雷德·阿德勒.儿童成长心理学[M].刘建金, 译.北京: 中国法制出版社, 2018.

[2]阿尔曼多·S.卡夫拉.儿童心理百科[M].梁雪樱, 关秀如, 译.北京: 化学工业出版社, 2013.

[3]东山纮久.儿童心理百科[M].沈璐华, 译.北京: 求真出版社, 2013.

[4]钱源伟.儿童心理百科[M].北京: 北京理工大学出版社, 2017.